计算机科学素养

信息技术应用教程

主 编 张 萍 方 涛
副主编 葛 宇 崔冬霞 林蓉华

科学出版社
北京

内 容 简 介

本书根据教育部制定的大学计算机科学素养基础课程教学的基本要求，结合目前大学非计算机专业学生的计算机实际水平与社会需求编写而成。书中大部分题目来自最新的信息和社会应用实践，学生通过《信息技术应用教程》的学习，将具备解决实际问题的能力，能适应社会的实际需要，为就业打下坚实的基础，成为办公达人。

本书主要内容包括信息编码与网络环境配置、文档设计基础、文档美化基础、数据处理基础、数据计算、图表与数据透视表、数据管理、演示文稿应用、Photoshop 图片处理和 Dreamweaver 网页制作。本书内容由浅入深、由点到面、循序渐进、重点突出，图文并茂地进行操作步骤的详细解读，加上配套素材文档，方便教师教学和学生自学。

本书可作为普通本科院校非计算机专业学生的大学计算机信息技术应用的教材，培养学生的计算机科学素养。专科院校也可选择其中的内容进行教学与实训。本书还可以作为参加计算机等级考试的考生和社会在职人员的参考书。

图书在版编目（CIP）数据

信息技术应用教程 / 张萍，方涛主编. -- 北京: 科学出版社, 2024. 6. -- (计算机科学素养). -- ISBN 978-7-03-078804-7

Ⅰ. TP3

中国国家版本馆 CIP 数据核字第 2024JK5609 号

责任编辑：张丽花 / 责任校对：胡小洁
责任印制：赵　博 / 封面设计：马晓敏

科 学 出 版 社 出版

北京东黄城根北街 16 号
邮政编码：100717
http://www.sciencep.com
三河市骏杰印刷有限公司印刷
科学出版社发行　各地新华书店经销
*
2024 年 6 月第 一 版　开本：787×1092　1/16
2025 年 3 月第四次印刷　印张：12 3/4
字数：305 000

定价：49.80 元
（如有印装质量问题，我社负责调换）

前　言

党的二十大报告指出："教育是国之大计、党之大计。培养什么人、怎样培养人、为谁培养人是教育的根本问题。育人的根本在于立德。全面贯彻党的教育方针，落实立德树人根本任务，培养德智体美劳全面发展的社会主义建设者和接班人。"为了回答教育的根本问题和落实立德树人的根本任务，为党育人，为国育才，编者在本书的编写过程中，以学生为中心，结合课程最新的要求和教学内容，提炼课程的知识性、人文性、时代性，遵循由浅入深、循序渐进、任务驱动的原则设计教学案例，案例中融入贴近学生生活的内容、思政元素和正能量内容，让学生在专业知识的学习中潜移默化地接受爱国情怀、中华传统文化、责任担当和生活技巧等方面的教育。编者还充分利用课程资源和案例的详细操作步骤打造学生自主学习环境，同时方便教师进行教学。上机实践操作是本课程的重要环节，通过上机实践，培养学生发现问题及解决问题的能力，同时能够为"实践是检验真理的唯一标准"这一论断提供生动的例证。

本书根据最新的全国计算机等级考试一二级考试大纲和人们在学习工作应用中所涉及的知识点与技能点，结合高等学校非计算机专业学生的计算机实际水平与社会需求等编写而成。本书从知识理论出发，以融合编者多年积累的教学经验、实战案例和实践应用为主线，面向学习和工作，解决信息技术应用中可能遇到的各类问题。通过对计算机二级考点的"知识索引"部分进行原理简述，对"案例分析"部分进行理论知识的解读，对"实践与应用"部分进行举一反三和相关知识的拓展，学生可以循序渐进地掌握理论知识及其应用。书中具有启发性、实用性和趣味性的内容，可以提升学生的学习兴趣。书中设置的解题思路、操作步骤、操作技巧和实战练习等环节，有助于学生检验学习效果。

1. 本书特点

(1) 知识索引→案例分析→实践与应用，一次掌握信息技术的应用精髓。

(2) 案例+配套素材+自测实践，开展陪伴式学习。

(3) 细致的操作步骤讲解，使学习变得轻松。

(4) 凡是重复必有简单操作。例如，重复某一设置的技巧是使用 F4 功能键。

(5) 嵌入二级考点内容，可为需要考取证书的人员助力。

2. 软件版本

本书使用与计算机二级考试相同的 Office 2016 版本为编写环境，方便学生学习以后参加计算机等级考试。如果学生正在使用其他版本或其他类似软件(如 WPS)也不用担心，因为软件界面差异不大，主要功能大致相同。

3．命令描述

为了让学生快速找到命令的路径，简化操作步骤，本书使用"选项卡名"→"组名"→"命令名"的形式来描述功能区命令的操作。例如，设置字体加粗的描述方式为：单击"开始"→"字体"→"加粗"。

4．鼠标指令

本书描述鼠标的操作方式如下。
单击：按下鼠标左键一次并松开。
右击：按下鼠标右键一次并松开。
双击：快速按下鼠标左键两次并松开。
拖动：按住鼠标左键不放并移动鼠标。

5．素材文件获取方法

打开网址 www.ecsponline.com，在页面最上方注册或通过 QQ、微信等方式快速登录，在页面搜索框输入书名，找到图书后进入图书详情页，在"资源下载"栏目中下载。

6．编写说明

本书由四川师范大学讲授大学计算机课程且教学经验丰富的教师编写。第 1、8 章由林蓉华编写，第 2、3 章由张萍编写，第 4、6 章由方涛编写，第 5、7 章由崔冬霞编写，第 9、10 章由葛宇编写。全书由张萍统稿和审阅。本书通过详解综合案例的实战操作，以应用为主线，介绍科学的操作流程及实用技巧等内容，让学生学会使用软件，厘清操作思路，进而成为信息技术软件应用的高手。

本书的出版得到了四川师范大学计算机科学学院的领导和学院从事大学计算机教学的老师的大力支持和帮助，还得到了北京万维捷通软件技术有限公司的支持和帮助，在此一并表示真诚的感谢！

由于编者水平有限，书中难免存在不足与疏漏之处，恳请广大读者提出宝贵的建议。

编　者

2024 年 1 月

目　　录

第 1 章　信息编码与网络环境配置 ··· 1

1.1　知识索引——编码原理与网络组成简介 ··· 1

1.1.1　西文编码原理 ··· 1

1.1.2　汉字编码原理 ··· 2

1.1.3　通用字符编码 ··· 3

1.1.4　网络环境配置及其基本操作 ··· 3

1.2　案例分析——编码转换和网络设置 ··· 3

案例 1-1　西文字符转 ASCII 码 ··· 3

案例 1-2　ASCII 码转换为西文字符 ··· 4

案例 1-3　汉字字符编码 ··· 4

案例 1-4　网络环境设置 ··· 6

案例 1-5　拨号上网设置 ··· 9

案例 1-6　网络安全设置 ··· 10

1.3　实践与应用 ··· 12

实践 1-1　自定义编码 ··· 12

实践 1-2　行程编码 ·· 13

实践 1-3　手动连接四川师范大学无线网络 ····························· 13

实践 1-4　收发电子邮件 ··· 14

第 2 章　文档设计基础 ·· 15

2.1　知识索引——如何设计一份文档 ··· 15

2.1.1　文档的工作界面 ··· 15

2.1.2　文档的基本操作 ··· 16

2.1.3　文档的录入和编辑 ··· 17

2.1.4　文档的排版 ··· 19

2.2　案例分析——常用的文档功能 ··· 23

案例 2-1　文档的录入 ··· 23

案例 2-2　文档的排版 ··· 25

案例 2-3　样式与模板 ··· 28

案例 2-4　页面布局 ·· 28

2.3　实践与应用 ··· 31

实践 2-1　文档的录入和格式设置 ··· 31

实践 2-2　文档的排版 ··· 32

实践 2-3　简历制作 ·· 33

实践 2-4　文档的综合排版 ··· 33

第 3 章　文档美化基础 ··· 35

　3.1　知识索引——如何美化文档 ··· 35

　　3.1.1　认识图文对象 ··· 35

　　3.1.2　邮件合并 ··· 38

　　3.1.3　高级排版 ··· 39

　3.2　案例分析——文档的美化和高级排版 ···································· 41

　　案例 3-1　插入图文对象 ··· 41

　　案例 3-2　制作运动会聘书 ·· 43

　　案例 3-3　长文档排版 ··· 44

　3.3　实践与应用 ··· 48

　　实践 3-1　图文对象的应用 ·· 48

　　实践 3-2　制作世运会聘书 ·· 49

　　实践 3-3　论文排版 ··· 49

第 4 章　数据处理基础 ··· 51

　4.1　知识索引——如何设计一份清晰的数据表 ······························ 51

　　4.1.1　Excel 表格的基本对象 ·· 51

　　4.1.2　表格的专业设计理念 ·· 52

　　4.1.3　基础操作索引 ·· 55

　4.2　案例分析——数据表的设计与制作 ·· 56

　　案例 4-1　表格数据的构建 ·· 57

　　案例 4-2　数据的自动填充 ·· 59

　　案例 4-3　数据的编辑 ··· 60

　　案例 4-4　表格的格式设置 ·· 62

　4.3　实践与应用 ··· 65

　　实践 4-1　数据的录入及其格式处理 ·· 65

　　实践 4-2　工作表的基础格式处理 ·· 66

　　实践 4-3　工作表的编辑与套用格式 ·· 67

　实践 4-4　综合应用 ··· 68

第 5 章　数据计算 ··· 69

　5.1　知识索引——如何进行数据计算 ·· 69

　　5.1.1　公式介绍 ··· 69

　　5.1.2　函数介绍 ··· 71

　　5.1.3　基础操作索引 ·· 72

　5.2　案例分析——公式和函数的使用 ·· 75

　　案例 5-1　使用 FREQUENCY 函数进行频率统计 (不同版本的处理) ······· 75

　　案例 5-2　利用函数填充学生信息表 ·· 77

　　案例 5-3　利用函数分析学生信息表 ·· 78

　　案例 5-4　公式的应用——九九乘法表的实现 ····························· 80

　5.3　实践与应用 ·· 81

　　实践 5-1　用公式和函数处理员工工资表 ······················ 81

　　实践 5-2　用公式和函数处理基金销售统计表 ··················· 82

　　实践 5-3　用公式和函数处理职工信息表 ······················ 83

　　实践 5-4　用公式和函数处理员工综合素质评价表 ············· 84

第 6 章　图表与数据透视表 ·· 86

　6.1　知识索引——图表与数据透视表的基本功能 ················ 86

　　6.1.1　Excel 图表的构成元素 ································· 86

　　6.1.2　Excel 图表的类型 ···································· 87

　　6.1.3　基础操作索引 ·· 88

　6.2　案例分析——图表的编辑与美化 ····························· 92

　　案例 6-1　图表的设计与创建 ································· 92

　　案例 6-2　图表格式和坐标轴设置 ····························· 98

　　案例 6-3　综合应用：甘特图 ································· 101

　6.3　实践与应用 ··· 103

　　实践 6-1　图表的基本设置 ··································· 103

　　实践 6-2　图表的综合应用 ··································· 104

　　实践 6-3　甘特图：项目安排表 ······························· 105

　　实践 6-4　数据透视表 ······································· 105

第 7 章　数据管理 ··· 107

　7.1　知识索引——如何按照要求对数据表进行管理 ··············· 107

　　7.1.1　数据的排序与筛选 ···································· 107

　　7.1.2　数据的分类汇总 ······································ 109

　　7.1.3　制作并打印工作表部分数据 ··························· 109

　　7.1.4　基础操作索引 ·· 110

　7.2　案例分析——常用的数据管理操作 ························· 114

　　案例 7-1　数据排序 ··· 114

　　案例 7-2　数据筛选 ··· 116

　　案例 7-3　数据分类汇总 ···································· 119

　7.3　实践与应用 ··· 120

　　实践 7-1　员工信息表排序 ··································· 120

　　实践 7-2　学生会考成绩表综合处理 ··························· 123

　　实践 7-3　学生信息分类汇总 ································· 125

第 8 章　演示文稿应用 ·· 128

　8.1　知识索引——演示文稿的设计 ······························· 128

　　8.1.1　认识幻灯片对象 ······································ 128

　　8.1.2　演示文稿的整体设计原则 ······························· 129

　8.2　案例分析——演示文稿的文字、图片、动画策略 ············· 132

　　案例 8-1　制作"遇见自己"图文效果 ······················· 133

　　案例 8-2　制作"光阴的故事"镂空文字效果 ··············· 138

　　案例 8-3　制作波浪动画 ·································· 140

　8.3　实践与应用 ·· 144

　　实践 8-1　制作论文答辩演示文稿 ······················· 144

　　实践 8-2　制作竞选演示文稿 ··························· 145

第 9 章　Photoshop 图片处理 ·································· 151

　9.1　知识索引——Photoshop 基础功能 ······················ 151

　　9.1.1　工作界面 ·· 151

　　9.1.2　认识图层 ·· 152

　　9.1.3　基础操作索引 ··································· 153

　9.2　案例分析——常用的图片处理功能 ······················ 156

　　案例 9-1　Photoshop 文件的基本操作 ····················· 156

　　案例 9-2　文字图层运用 ································· 159

　　案例 9-3　普通图层运用 ································· 162

　9.3　实践与应用 ·· 166

　　实践 9-1　图片基本设置 ································· 166

　　实践 9-2　文字图层实战 ································· 167

　　实践 9-3　图层样式设置 ································· 168

　　实践 9-4　图层综合运用 ································· 171

第 10 章　Dreamweaver 网页制作 ······························ 173

　10.1　知识索引——Dreamweaver 基础功能 ··················· 173

　　10.1.1　工作界面 ······································· 173

　　10.1.2　常用功能 ······································· 175

　　10.1.3　理解层 ··· 177

　10.2　案例分析——网页制作基础 ··························· 178

　　案例 10-1　基本网页元素 ······························· 178

　　案例 10-2　层与表格的综合运用 ························· 183

　10.3　实践与应用 ··· 188

　　实践 10-1　表格运用实战 ······························· 188

　　实践 10-2　层与图像、复选框、按钮运用实战 ············· 189

　　实践 10-3　层与文本域运用实战 ························· 191

　　实践 10-4　层与图像、超链接运用实战 ··················· 192

　　实践 10-5　层与表格、列表框运用实战 ··················· 193

参考文献 ·· 195

第 1 章　信息编码与网络环境配置

在计算机内部，所有的数据都以二进制(0 和 1)的形式来表示。计算机中用数据来表示信息，通过数据处理来实现对信息的处理。信息编码，即对数字、文本、声音、图形、图像、视频等信息，通过一定的方式转换为计算机可以存储和加工的数据。

网络环境配置是指在计算机网络中对网络设备、协议和服务进行设置和调整的过程。它包括对各种网络组件的设置，以使其适应所需的网络功能和性能要求。

这一章将结合具体的案例，介绍信息编码的原理和过程，帮助学生理解计算机信息编码，提高信息素养。同时介绍网络环境配置的方法，帮助学生创建一个可靠、高效、安全的网络环境，提升学习和工作效率。

1.1　知识索引——编码原理与网络组成简介

1.1.1　西文编码原理

西文字符包括英文字母、数字、各种符号和一些控制符，最常用的编码方式是 ASCII 码(American Standard Code for Information Interchange，美国信息交换标准代码)。

ASCII 码由 7 位二进制组成，总共有 128 个通用标准符号，包括 26 个英文大写字母、26 个英文小写字母、0~9 共 10 个数字，32 个通用控制符号和 34 个专用符号。ASCII 码表如表 1-1 所示。

表 1-1　ASCII 码表

低四位	高三位							
	000	001	010	011	100	101	110	111
0000	NUL	DLE	SP	0	@	P	`	p
0001	SOH	DC1	!	1	A	Q	a	q
0010	STX	DC2	"	2	B	R	b	r
0011	ETX	DC3	#	3	C	S	c	s
0100	EOT	DC4	$	4	D	T	d	t
0101	ENQ	NAK	%	5	E	U	e	u
0110	ACK	SYN	&	6	F	V	f	v
0111	BEL	ETB	'	7	G	W	g	w
1000	BS	CAN	(	8	H	X	h	x
1001	HT	EM	)	9	I	Y	i	y
1010	LF	SUB	*	:	J	Z	j	z
1011	VT	ESC	+	;	K	[	k	{

续表

低四位	高三位							
	000	001	010	011	100	101	110	111
1100	FF	FS	,	<	L	/	l	|
1101	CR	GS	_	=	M	]	m	}
1110	SO	RS	.	>	N	^	n	~
1111	SI	US	/	?	O	-	o	DEL

基本的 ASCII 码是 7 位编码，由于计算机中信息的基本单位是字节，1 字节是 8 位，所以当计算机系统用 ASCII 码表示字符时，会在最高位补 1 个 0，用 1 字节来存放一个字符的 ASCII 码。

1.1.2 汉字编码原理

汉字的输入要采用输入码；汉字的信息处理也必须有一个统一的编码标准——《信息交换用汉字编码字符集》（GB 2312—80），即国标码；机内码是汉字系统内部处理汉字使用的编码；由于汉字的字形复杂，需要用对应的字库来存储汉字字形，方便汉字的显示和打印，即字形码。汉字信息处理的过程如图 1-1 所示。

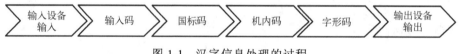

图 1-1　汉字信息处理的过程

1. 输入码

汉字的输入码就是使用英文键盘输入汉字时的编码，又称为外码或者输入法。输入码大体可分为数字码、音码、形码、音形码 4 类。

2. 国标码

汉字的国标码是在不同汉字信息系统间进行汉字交换的时候采用的编码。国标码中每个汉字用 2 字节表示。第 1 字节(高位字节)表示在《信息交换用汉字编码字符集》中的区编码，第 2 字节(低位字节)表示位编号，每字节的最高位都是 0。

国标码是汉字编码的标准，其作用相当于西文字符处理的 ASCII 码。不管使用哪种汉字输入法输入汉字，最后都会转换成唯一的汉字国标码。

3. 机内码

汉字的机内码是指一个汉字在计算机系统内部处理和存储使用的编码。将国标码的每字节的最高位变成"1"，就成为其机内码。

4. 字形码

汉字的字形码是表示汉字字形信息的编码，用于显示和打印汉字。目前，字形码通常有点阵字库和矢量字库两种。

1.1.3　通用字符编码

为容纳所有国家的文字，国际标准化组织提出了 Unicode 编码标准。Unicode 依照通用字符集(Universal Character Set，UCS)的标准来发展，它为每种语言中的每个字符设定了统一并且唯一的二进制编码，以满足跨语言、跨平台进行文本处理的要求。UCS 定义了两种编码格式：UCS-4，对每一个字符采用 4 字节编码；UCS-2，对每一个字符采用 2 字节编码。UCS 与其他字符集都是双向兼容的，即相互转换而不会丢失。目前使用的 Unicode 版本对应于 UCS-2，使用 16 位的编码空间，每个字符占 2 字节，理论上讲最多可以表示 2^{16} 个字符，基本满足各种语言文字的使用。

1.1.4　网络环境配置及其基本操作

计算机网络的基本组成元素包括计算机节点(如服务器、工作站、个人计算机等)、网络设备(如网卡、交换机、路由器、调制解调器等)、通信介质(如双绞线、光纤、微波、卫星等)和通信协议(如 TCP/IP、HTTP、SMTP 等)。

一般小型网络的架构如图 1-2 所示。

个人计算机要正确接入网络，就需要正确地配置网络环境。计算机网络配置是指对计算机网络进行设置和调整，以使其能够正常运行并满足用户需求。网络配置包括网络协议的选择和设置、IP 地址的分配和设置、子网掩码的设置、网关的设置、DNS 服务器的设置、DHCP 服务器的设置等。

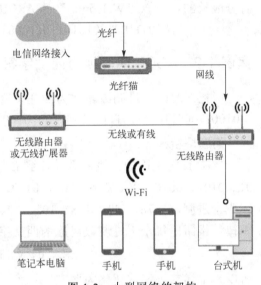

图 1-2　小型网络的架构

1.2　案例分析——编码转换和网络设置

案例 1-1　西文字符转 ASCII 码

信息数字化是计算机自动化的前提和基础，请把单词"Welcome"借助 ASCII 码表转换成对应的二进制数。

问题解析：

(1)在有 ASCII 码表的情况下，可以直接查表得到每个字符的 ASSII 码，注意区分大小写字母。以第 1 个字母"W"为例，在 ASCII 码表里先找到"W"，它的高三位是 101，低四位是 0111，再在高位的前面加 0，补足 8 位，那么"W"的二进制编码即为 01010111。以此类推，查出其他 6 个字母的 ASCII 码。最后的结果是：01010111、01100101、01101100、01100011、01101111、01101101、01100101。

(2)如果没有 ASCII 码表，就要记住一些字母的 ASCII 码的十进制表示，据此推断所有字母的 ASCII 码的十进制表示，再把十进制表示转换成二进制即可。字母"A"的 ASCII 码的十进制表示是 65，字母"A"比字母"Z"要小，并按"A"到"Z"顺序递增；字母"a"的 ASCII 码的十进制表示是 97，字母"a"比字母"z"要小，并按"a"到"z"顺序递增。

根据这个规律，先推算出每个字符的 ASCII 码的十进制表示："W"的 ASCII 码的十进制是在 65 的基础上加 22，为 87，"e"的 ASCII 码的十进制是在 97 的基础上加 4，为 101，以此类推，7 个字符的 ASCII 码的十进制表示依次是 87、101、108、99、111、109、101。再将每个十进制数转为对应的二进制数，不足 8 位的前面补 0 即可。

注意：为了方便查看和阅读，每个字符的 ASCII 码间用逗号分隔，实际的结果是没有分隔符的，所以"Welcome"的 ASCII 码是：

01010111011001010110110001100011011011110110110101100101

案例 1-2　ASCII 码转换为西文字符

请把下面的二进制数转化为西文字符。

01001100011011110111011001100101001000000101100101101111011101010100001

问题解析：

方法 1：将上面的二进制数从左到右每 8 位分成一节：01001100、01101111、01110110、01100101、00100000、01011001、01101111、01110101、00100001；然后把每一节分别转成十进制数：76、111、118、101、32、89、111、117、33；最后根据案例 1-1 给出的规律，推断出每个十进制数对应的西文字符分别是：

L、o、v、e、Y、o、u、!

所以，上述二进制数转化为西文字符为："Love You!"。

方法 2：如果有 ASCII 码表，可以分节后直接查表得到结果。

案例 1-1 和案例 1-2 就是简单的编码和解码的过程，体现了信息表示和处理的一般性思维，即对于任何信息，只要给出信息的编码标准或者协议，就可以对信息进行编码或解码，从而将其表示为二进制或者转化为我们熟悉的信息，然后在计算机中进行存储和加工。

案例 1-3　汉字字符编码

计算机对于汉字的处理实际上就是对各种汉字代码进行转换。请写出汉字"大"的输入码、国标码、机内码。如果以 16×16 的点阵输出汉字"大"，计算需要的存储空间。

问题解析：

(1)汉字"大"的输入码有很多，不是唯一的。

音码：da(全拼)

形码：DDDD(五笔字型码)

数字码：2083D(区位码)

在这里重点说一下区位码。打开网址 http://xh.5156edu.com/qwm.php，可以查到"大"

的区位码为"2083D"，这个编码是唯一的，可以很方便地向国标码、机内码转化。区位码将汉字和图形字符排列在一个 94×94 的矩阵中，该矩阵的每一行称为一个"区"，每一列称为一个"位"。区位码的汉字编码无重码，向内部码转换方便，但是记忆非常困难，所以一般用于录入特殊符号、不规则汉字、生僻字等。

(2)汉字"大"的国标码是"3473H"。

"大"的国标码可以由区位码转换得到，先将"大"的区位码的区码和位码由十进制转换为十六进制，得到"1453H"；再将区码加 20H 得到国标码的高位字节，位码加 20H 得到国标码的低位字节，即"3473H"，这个就是"大"的国标码的十六进制表示。也可以把国标码的高位字节和低位字节分别转成二进制，得到"大"的国标码的二进制表示：

0011010000111011

可以看出国标码中每个汉字用 2 字节表示，每个字节的最高位都是 0。

(3)汉字"大"的机内码是"B4F3H"。

将国标码的每字节的最高位变成"1"，就成为其机内码，所以"大"的机内码二进制表示为"**1**011010**0**11110011"，转换为十六进制表示为"B4F3H"。将十六进制国标码的高位和低位字节分别加 80H 也可以转换为机内码。

如果区位码直接转机内码，将十六进制表示的区码和位码分别加 A0H。

总结一下，汉字"大"的编码过程如图 1-3 所示。

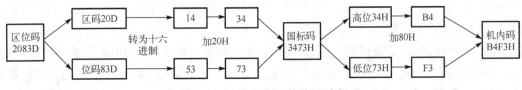

图 1-3　汉字"大"的编码过程

(4)以 16×16 的点阵为例，"大"的字形码示意图如图 1-4 所示。很容易算出"大"字占用的存储空间为 16×16/8=32（字节）。

0	1	2	3	4	5	6	7	8	9	10	11	12	13	14	15	16							二进制												十六进制			
1								●										0	0	0	0	0	0	0	1	0	0	0	0	0	0	0	0	0	1	0	0
2								●										0	0	0	0	0	0	0	1	0	0	0	0	0	0	0	0	0	1	0	0
3								●										0	0	0	0	0	0	0	1	0	0	0	0	0	0	0	0	0	1	0	0
4								●										0	0	0	0	0	0	0	1	0	0	0	0	0	0	0	0	0	1	0	0
5	●	●	●	●	●	●	●	●	●	●	●	●	●	●	●	●		1	1	1	1	1	1	1	1	1	1	1	1	1	1	1	1	F	F	F	F
6								●										0	0	0	0	0	0	0	1	0	0	0	0	0	0	0	0	0	1	0	0
7								●										0	0	0	0	0	0	0	1	0	0	0	0	0	0	0	0	0	1	0	0
8								●										0	0	0	0	0	0	0	1	0	0	0	0	0	0	0	0	0	1	0	0
9								●										0	0	0	0	0	0	0	1	0	0	0	0	0	0	0	0	0	1	0	0
10							●		●									0	0	0	0	0	0	1	0	1	0	0	0	0	0	0	0	0	1	8	0
11							●			●								0	0	0	0	0	1	0	0	0	1	0	0	0	0	0	0	0	4	4	0
12						●					●							0	0	0	0	1	0	0	0	0	0	1	0	0	0	0	0	0	8	2	0
13					●							●						0	0	0	1	0	0	0	0	0	0	0	1	0	0	0	0	1	0	1	0
14				●									●					0	0	1	0	0	0	0	0	0	0	0	0	1	0	0	0	2	0	0	8
15			●											●				0	1	0	0	0	0	0	0	0	0	0	0	0	1	0	0	4	0	0	4
16	●														●			1	0	0	0	0	0	0	0	0	0	0	0	0	0	1	0	8	0	0	2

图 1-4　汉字"大"的字形点阵和编码示意图

注意：在汉字点阵中，每个汉字占用的存储空间与汉字的书写复杂度无关。点阵规模决定了占用存储空间的大小。点阵规模小，分辨率低，字形也不美观，但它占用存储空间小，易于实现。

案例 1-4　网络环境设置

请将计算机使用指定的 IP 地址、子网掩码、默认网关和 DNS 服务器进行网络连接。要求如下。

(1) 设置 Internet 协议版本 4(TCP/IPv4) 里的 IP 为 192.168.1.16。

(2) 设置 Internet 协议版本 4(TCP/IPv4) 里的子网掩码为 255.255.255.0。

(3) 设置 Internet 协议版本 4(TCP/IPv4) 里的默认网关为 192.168.1.1。

(4) 设置 Internet 协议版本 4(TCP/IPv4) 里的首选 DNS 为 202.98.0.68。

(5) 设置 Internet 协议版本 4(TCP/IPv4) 里的备选 DNS 为 202.98.5.68。

问题解析：

本案例涉及的几个基本概念如下。

1) IP 地址

IP 地址(Internet Protocol Address，互联网协议地址)是在网络中唯一标识设备的数字标签，用于定位和识别计算机、服务器、路由器等网络设备在网络中的位置。

IPv4(Internet Protocol version 4)是目前广泛使用的 IP 地址版本，它由 4 个十进制数表示，例如：192.168.0.1。

由于 IPv4 的地址空间有限，所以导致 IP 地址短缺。为了解决 IPv4 地址不足的问题，IPv6(Internet Protocol version 6)被提出并逐渐普及。无论是 IPv4 还是 IPv6，IP 地址都在网络通信中扮演至关重要的角色，它使得数据能够正确地路由并传输到目标设备。

2) 子网掩码

子网掩码(Subnet Mask)是一组二进制数，用于标识 IP 地址中哪些位是网络部分，哪些位是主机部分。它与 IP 地址结合使用，用于划分网络和主机的边界。

子网掩码与 IP 地址长度相同，常用点分十进制的表示方式，例如：255.255.255.0。在子网掩码的二进制表达中，每个"1"都表示相应位置上的位是网络部分，每个"0"则表示相应位置上的位是主机部分。

在进行 IP 地址划分时，将子网掩码应用于 IP 地址，可以确定网络的范围和主机的范围。具体操作是将 IP 地址与子网掩码进行按位逻辑与运算，所得结果就是网络部分的地址。

子网掩码的作用是帮助路由器和计算机识别出网络和主机的边界，从而正确地进行数据传输和路由决策。

3) 网关

网关(Gateway)是在计算机网络中起到桥梁和转换作用的设备或程序。它连接了不同的网络，充当数据包在不同网络之间传递交换站点的角色。

4）DNS 服务器

DNS（Domain Name System）服务器是一种用于解析域名和 IP 地址之间对应关系的服务器。在计算机网络中，人们通常使用域名来访问网站或资源，而不是直接使用 IP 地址。DNS 服务器就扮演了将域名转换为相应 IP 地址的重要角色。

当用户输入一个域名时，计算机会向配置的 DNS 服务器发送查询请求，以获取与该域名对应的 IP 地址。DNS 服务器将根据域名的层级结构进行逐级查询，并将最终的 IP 地址返回给发出请求的计算机，使其能够完成与目标服务器之间的通信。

DNS 服务器的作用是实现域名与 IP 地址之间的映射，使得用户可以使用易记的域名来访问互联网资源。它在互联网中起到关键的转换和解析作用，是实现互联网功能正常运行的重要组成部分。

5）DHCP

DHCP（Dynamic Host Configuration Protocol，动态主机配置协议）是一种网络协议，用于自动分配 IP 地址给计算机或其他设备，以及设置其他网络参数（如网关、DNS 服务器等）。它可以使网络管理员更轻松地管理大型网络，同时也方便用户接入网络，避免手动配置网络参数的烦琐过程。DHCP 协议可以在局域网、广域网和无线网络中使用，并且被广泛应用于当今的互联网。

设置本案例的网络环境，需要进行如下的操作。

（1）单击操作系统"控制面板"（图 1-5（a））中的"网络和 Internet"选项，打开如图 1-5（b）所示的"网络和 Internet"界面。

（a）　　　　　　　　　　　　　　　　（b）

图 1-5　"网络和 Internet"界面

（2）单击图 1-5 中的"网络和共享中心"选项，打开如图 1-6 所示的界面。在这里可以查看基本网络信息，还可以更改网络设置，以适应新的网络连接方式。

（3）在图 1-6 中单击左侧的"更改适配器设置"选项，可以打开如图 1-7 所示的"网络连接"界面。在这里可以查看当前计算机的网络设备和网络连接状态等信息。

（4）选择图 1-7 中的"WLAN"选项，右键单击，选择"属性"选项，弹出如图 1-8 所示的"WLAN 属性"对话框。在对话框中选择"Internet 协议版本 4（TCP/IPv4）"，单击"属性"按钮，打开如图 1-9 所示的"Internet 协议版本 4（TCP/IPv4）属性"对话框。

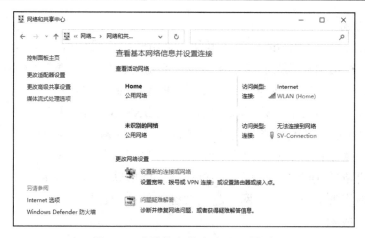

图 1-6 "网络和共享中心"界面

图 1-7 "网络连接"界面

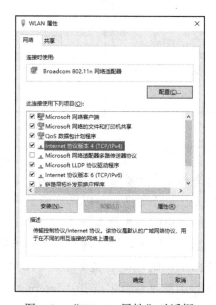

图 1-8 "WLAN 属性"对话框

(5)在图 1-9 中，如果路由器的 DHCP 是打开的，则选择"自动获得 IP 地址"和"自动获得 DNS 服务器地址"。如果路由器 DHCP 是关闭的，就需要在图 1-9 对话框中依次手动设置 IP 地址、子网掩码、默认网关、DNS 服务器地址等。具体设置的数值需要由网络管理员提供。

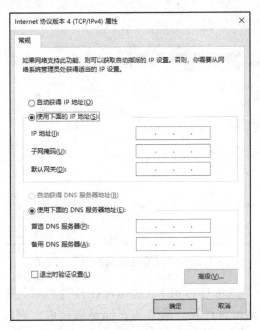

图 1-9　"Internet 协议版本 4(TCP/IPv4) 属性"对话框

案例 1-5　拨号上网设置

请通过拨号的方式接入四川师范大学的校园网。具体要求如下。

(1)网络类型设置为"连接到 Internet"，选择"宽带(PPPoE)"。

(2)用户名设置为 2023100101，密码为 20050101，设置"显示字符和记住此密码"。

(3)设置连接名称为"四川师大"。

(4)设置允许其他人使用此连接。

问题解析：

(1)什么时候需要拨号上网？

图 1-2 所示的小型网络的架构中，在局域网内部，通常用户是不需要自己拨号上网的，因为光纤猫或者路由器都可以设置为自动拨号连接 Internet。但根据不同的网络环境和配置，有时候仍然可能需要计算机终端手动进行拨号设置。比如图 1-2 中，光纤猫处于桥接模式，而非路由模式，同时路由器也未设置拨号，则需要计算机终端手动自主拨号；或者光纤猫处于桥接模式，计算机直接连接到光纤猫上，也需要计算机终端手动自主拨号，从而连接 Internet 上网。

(2)以下操作可以设置计算机手动拨号连接 Internet。

①在图 1-6 界面中单击"设置新的连接或网络"选项，打开如图 1-10 所示的"设置

连接或网络"对话框，选择其中的"连接到 Internet"选项，单击"下一步"按钮，打开如图 1-11 所示的"连接到 Internet"对话框。

图 1-10　"设置连接或网络"对话框

②在图 1-11 中单击"宽带(PPPoE)"选项，在打开的对话框中输入网络管理员或运营商提供的用户名和密码即可连接。通常现在都是通过以太网内拨号上网，因此一般选择"宽带(PPPoE)"；早期通过电话线连接 MODEM 窄带上网时，选择"拨号"上网。

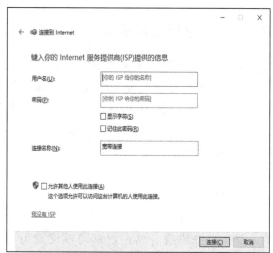

图 1-11　"连接到 Internet"对话框

案例 1-6　网络安全设置

假设你正在使用 Windows 操作系统，并且系统自带的防火墙是关闭的，则要打开系统自带的防火墙。

问题解析：

（1）什么是 Windows Defender 防火墙？

Windows Defender 防火墙是 Windows 操作系统自带的防火墙程序，它的功能是保护计算机免受网络攻击和恶意软件的侵害。

单击图 1-6 所示的"网络和共享中心"界面左下角的"Windows Defender 防火墙"选项，打开如图 1-12 所示的"Windows Defender 防火墙"界面。

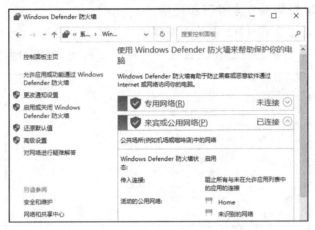

图 1-12　"Windows Defender 防火墙"界面

①激活和配置：Windows Defender 防火墙通常默认激活，并在 Windows 操作系统安装过程中进行初始化配置。

②配置防火墙规则：在图 1-12 中，单击左侧的"高级设置"选项，打开如图 1-13 所示的"高级安全 Windows Defender 防火墙"界面，可以在其中设置各种规则来允许或阻止特定应用程序、端口或 IP 地址的网络通信，还可以创建入站规则和出站规则，允许或阻止特定的网络流量。

图 1-13　"高级安全 Windows Defender 防火墙"界面

Windows Defender 防火墙还提供了其他的安全性配置选项。

公共网络设置：根据网络的分类，可以选择不同的网络安全级别，如公共网络或专用网络。

通知设置：可以配置防火墙事件的通知方式，如弹出窗口或日志记录。

Windows Defender 防火墙还具有自动规则功能，它会自动检测并创建允许常见应用程序和服务的规则，并会随着 Windows 操作系统的更新进行持续改进和修复，确保定期更新操作系统以获取最新的安全补丁和功能。

（2）本案例中，可以在图 1-12 中单击左侧的"启用或关闭 Windows Defender 防火墙"选项，打开如图 1-14 所示的"自定义设置"对话框，启用或者关闭防火墙。

图 1-14　"自定义设置"对话框

1.3　实践与应用

实践 1-1　自定义编码

为了表示汉语的拼音系统，用十进制数 1～30 对拼音系统进行自定义编码，包括 4 个声调和 26 个字母，一共 30 个元素，如表 1-2 所示。用 0 表示"空格"。

表 1-2　自定义拼音编码系统

1	2	3	4	5	6	7	8	9	10
ˉ	´	ˇ	`	a	b	c	d	e	f
11	12	13	14	15	16	17	18	19	20
g	h	i	j	k	l	m	n	o	p
21	22	23	24	25	26	27	28	29	30
q	r	s	t	u	v	w	x	y	z

编码表示时先编拼音字母后编声调，如"我"的编码为"27 19 3"，两个编码数字间用空格隔开。请按上述规则完成以下操作：

(1)写出"您 好"的拼音编码。

(2)写出拼音编码"7　12　9　18　11　2　0　8　25　1"对应的汉字。

实践 1-2　行程编码

行程编码是相对简单的编码技术，主要思路是将一个具有相同值的连续字符串用一个值和串长来代替。例如，有一个字符串"aaabccddddd"，经过行程编码后可以用"3a1b2c5d"来表示。对图像编码来说，由于其具有图像中有大块连续的白色像素或黑色像素的特点，编码时只需记录下白色或黑色像素连续区块的长度，每一行的开头默认的像素为白色，第 1 个数字必须是白色方块的连续数；如果第 1 个方块是黑色方块的话，就要在这个代码开头加 0，这种方式称为行程压缩。如图 1-15 所示的黑白图像，行程压缩编码第一行为"1,3,1"，其中第 1 个"1"表示第 1 个白色方块，数字"3"表示连续 3 个黑色方块，最后的数字"1"表示一个白色方块。3 个数字间要求用英文逗号隔开。

请根据以上规则写出如图 1-15 所示图像的行程压缩编码。

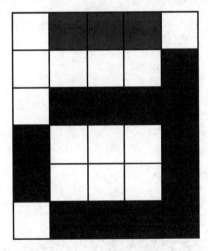

图 1-15　行程编码示例图

实践 1-3　手动连接四川师范大学无线网络

假设你是一名新生，需要接入四川师范大学无线网络 sicnu-1x。具体要求如下。

(1)网络类型设置为"手动连接到无线网络"，网络名为"sicnu-1x"，安全类型为"WPA2-企业"。

(2)选择网络身份认证方法为"Microsoft:受保护的 EAP(PEAP)"。

(3)在"sicnu-1x 无线网络属性"对话框中单击"设置"按钮，打开"受保护的 EPA 属性"对话框，单击取消"通过验证证书来验证服务器的身份"复选框。

(4)在"sicnu-1x 无线网络属性"对话框中单击选择"高级设置"按钮，打开"高级设置"对话框，单击指定身份验证模式为"用户身份验证"，并单击"保存凭据"按钮。

(5)在"Windows 安全保存凭据"对话框中，输入校园网分配的账号和密码，通常账号是学号，密码是学生的 8 位生日数字。

实践 1-4　收发电子邮件

假设你是班上信息技术学习小组的组长，需要申请一个 163 网易免费电子邮箱，给信息技术老师发一封电子邮件，并抄送学习小组其他成员。具体要求如下。

(1)信息技术老师的邮箱地址为 sicnulucky@sicnu.edu.cn。

(2)学习小组其他成员的邮箱分别为 jxb@163.com、lixiang@qq.com、409898441@qq.com。

(3)邮件的主题为"学习规划"。

(4)邮件内容为"第一小组信息技术学习规划，具体内容见附件"。

(5)添加附件名称为"第一小组信息技术学习规划"。

发送邮件并保存好参数后退出邮箱。完成以后的界面如图 1-16 所示。

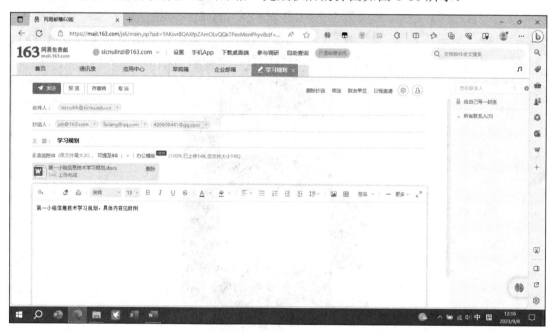

图 1-16　发送电子邮件界面

第 2 章　文档设计基础

文档是日常生活、学习和办公的常用方式，清晰易懂的文档处理方法是人们提高学习和工作效率的必备技能之一。

这一章以 Word 软件为基础，介绍文档的基本操作和高效的使用方法，帮助学生正确、高效地完成文档的相关操作，从而提升学习和工作效率。

2.1　知识索引——如何设计一份文档

在日常生活中，文档最基础的处理包括文档的新建、编辑、保存、打印、关闭，以及打开和设置密码进行保护等。

2.1.1　文档的工作界面

Word 是一款功能强大、使用频率很高的文档处理软件，具有处理文字、图形、图像、表格、排版等功能，提供了非常友好的用户界面，可以大大提高办公效率。虽然用于文档处理的不同软件或相同软件的不同版本有差距，但基本操作都是一样的。为了方便学生备考计算机等级考试，本书采用了与等级考试相同的版本——Word 2016。Word 的工作界面如图 2-1 所示。

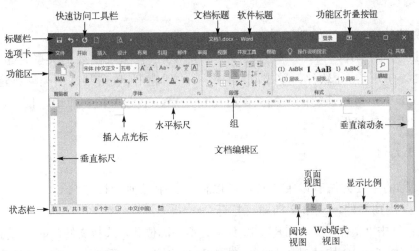

图 2-1　Word 工作界面

说明：

(1)标题栏：位于 Word 界面的最顶端。标题栏的左侧是快速访问工具栏，通常可以快速访问保存、撤销、恢复和新建空白文档功能。标题栏的中间显示文档标题和软件标题。标题栏的右侧分别是功能区显示选项，包括"最小化"、"最大化/还原"和"关闭"按钮。

提示：

功能区折叠按钮可以自动隐藏功能区，以显示更多的工作内容。"最大化"按钮和"还原"按钮可以互相切换，但不能同时出现在 Word 文档窗口中。

（2）选项卡：选项卡分为标准选项卡、上下文选项卡两种。Word 文档默认显示的是标准选项卡。标准选项卡有文件、开始、插入、设计、布局、引用、邮件、审阅和视图等。文件选项卡中的命令是与文件相关的操作。除了文件以外的其他选项卡一般根据功能将该选项卡的功能区用竖线分组，组内是与功能相关的各种按钮，有些组的右下角还有对话框启动器，包含了该组的更多功能。

（3）标尺：Word 中的标尺有水平和垂直 2 种，常用于对齐文档中的文本、图形、表格等元素。若要查看位于 Word 文档顶部的水平标尺和位于文档左边缘的垂直标尺，必须使用页面视图功能。一般通过"视图"→"标尺"的选中与取消来打开或关闭标尺的显示。

（4）工作区：工作区也称文档编辑区，是用于显示和编辑文档的区域。工作区中通常有一个不断闪烁的竖线" | "，称为插入点，可以通过输入数据、空格键、Tab 键或双击空白处来移动插入点的位置。

（5）状态栏：状态栏用于显示系统当前的一些状态信息，包括插入点所在页面，以及当前文档的总页数、字数统计、视图切换、显示比例等。

2.1.2　文档的基本操作

文档的基本操作命令都在文件选项卡中，包括新建、打开、保存、另存为、导出、打印、选项等。与 Word 相关的设置都在"文件"→"选项"中进行。

1．新建文档

新建文档的主要方法如下 2 种。

方法 1：单击"开始"→"所有程序"→"Word"，单击需要的类型新建文档。

方法 2：打开 Word 软件，单击"文件"→"新建"，单击某文档类型新建文档。

在 Word 中，可以新建的文档类型有空白文档、书法字帖、简历、日历、求职信等联机可以搜索到的模板。

2．打开文档

打开文档的主要方法有以下 3 种，可以使用其中任何一种方法。

方法 1：找到文件，双击文档即可打开。

方法 2：单击"文件"→"打开"，找到文档所在的位置，选择文档，单击"打开"按钮。

方法 3：按 Ctrl+O 快捷键，找到文档所在的位置，选择文档，单击"打开"按钮。

3．保存文档

保存文档时，可以将文档保存到硬盘的文件夹、计算机桌面、U 盘等位置，需要在"保存位置"列表中进行选择。保存文件的主要方法有以下 3 种。

方法 1：单击"文件"→"保存"命令。

方法 2：单击标题栏左侧的"保存"按钮。

方法 3：按 Ctrl+S 快捷键保存文档。

文档在第一次保存时，会出现"另存为"对话框。如果以前已经保存过，就不出现对话框，直接按照原名在原位置保存。

在文档需要改名，或更改保存位置，或更改文件类型时，则应使用"另存为"命令。

方法：单击"文件"→"另存为"，在"另存为"对话框中选择位置，设置文件名、保存类型后单击"确定"按钮。可将文档保存为 DOC 文件、文本文件、PDF 格式文件等类型。

4. 关闭文档

关闭文档的方法有很多种，下面列出主要的 3 种方法。

方法 1：单击"关闭"按钮。

方法 2：单击"文件"→"关闭"。

方法 3：按 Alt+F4 快捷键。

说明：

方法 1 中的关闭方法不仅关闭当前文档，而且还退出 Word 程序窗口。

方法 2 中的关闭文档方法只关闭当前文档，并不退出 Word 程序窗口。

2.1.3　文档的录入和编辑

1. 文档的录入

在文档的任意位置双击后可以直接输入文本。

在使用键盘输入文本时，按 Caps Lock 键可以根据 Caps Lock 键指示灯的亮与熄灭输入英文大写或小写字母。

(1)快速输入大段练习文本可使用函数 $rand(x, y)$，其功能主要用于快速产生 Word 功能测试用的语句和段落。函数中的 x 表示系统自动产生内容的段落数，y 表示产生的每个段落中的语句数。$rand()$ 默认为 $rand(4,3)$。注意：输入函数的所有内容必须在英文输入状态下输入，不区分大小写。

(2)输入日期和时间。直接输入日期或单击"插入"→"文本"→"日期和时间"，然后在对话框中设置日期格式，以及是否自动更新等。此方法仅插入当前日期。

(3)输入特殊符号。单击"插入"→"符号"→"符号"→"其他符号"，在对话框中选择相应特殊符号即可。例如，输入☑和©符号的方法如图 2-2 所示。

2. 文档的编辑

文档内容的编辑包括对象的选择方法，复制、移动、删除对象的方法，插入和改写状态的转换，文档内容的自动更正等。

1)选择

在 Word 中采用先选择对象再操作的方法。最常用的是使用鼠标进行选择，也可以通过键盘来选择。选择方法如图 2-3 所示。

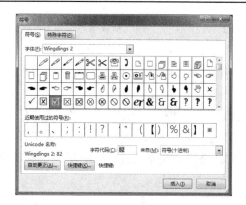

图 2-2　"符号"对话框

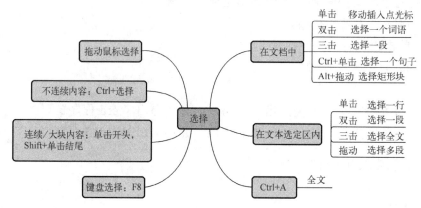

图 2-3　选择对象的方法

选择格式类似的文本的方法如下。

方法 1：单击"开始"→"编辑"→"选择"的快速选择方法如图 2-4 所示。

方法 2：通过样式窗格选择相同样式的内容。

2）复制

复制对象的常用方法有以下 4 种。除了方法 1 以外，其他 3 种方法都可以交叉使用。

方法 1：选择对象，按住 Ctrl 键+拖动。

方法 2：选择对象，单击"开始"→"剪贴板"→"复制"，在目的地单击"开始"→"剪贴板"→"粘贴"。

方法 3：选择对象，按 Ctrl+C 快捷键复制，在目的地按 Ctrl+V 快捷键粘贴。

方法 4：选择对象并右击，在弹出的快捷菜单中选择"复制"命令；在目的地右击后在弹出的快捷菜单中选择"粘贴"命令。

复制内容时，不仅复制了文本，还复制了文本的格式。在执行"粘贴"命令时，可以在粘贴选项中选择粘贴格式，如图 2-5 所示。

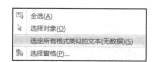

图 2-4　开始选项卡中的快速选择对象选项

图 2-5　粘贴选项

(1)保留源格式(即原原本本地照搬文字和格式)。

(2)合并格式(照搬文字,并且与当前格式匹配)。

(3)粘贴为图片(将复制的内容转换为图片)。

(4)只保留文字(只复制文字,放弃原有格式)。

默认情况下是保留源格式粘贴。

3)移动

移动对象的常用方法有以下 4 种。除了方法 1 以外,其他 3 种方法都可以交叉使用。

方法 1:选择对象,直接拖动。

方法 2:选择对象,单击"开始"→"剪贴板"→"剪切",在目的地单击"开始"→"剪贴板"→"粘贴"。

方法 3:选择对象,按 Ctrl+X 快捷键剪切,在目的地按 Ctrl+V 快捷键粘贴。

方法 4:选择对象并右击,在弹出的快捷菜单中选择"剪切"命令;在目的地右击后在弹出的快捷菜单中选择"粘贴"命令。

4)删除

删除光标前的内容:选择内容,按 Backspace 键。

删除光标后的内容:选择内容,按 Delete 键。

5)插入和改写的转换

输入文本后,后面的文本消失,这就是改写状态。这时需要按 Insert 键转换插入和改写状态。

2.1.4　文档的排版

文档排版是文档处理的主要任务之一,漂亮美观的版式让人赏心悦目。Word 排版功能非常丰富,其最大特点是"所见即所得",即在页面视图看见的排版效果就是打印出来的效果。文档排版主要包括设置文本格式、段落格式、页面格式等。

1. 文本格式设置

文本格式包括字体、字号、更改字母大小写、加粗、倾斜、下划线、删除线、上标、下标、字体颜色等。基本的文本格式一般在"开始"→"字体"中设置。特殊的文本格式在"字体"对话框中设置,如着重号和隐藏等效果,同时还可以设置中英文不同的字体、字符的缩放、间距和位置等,如图 2-6 所示。

2. 段落格式设置

段落是指以段落标记↵作为结束的一段文字,段落标记是在文字输入过程中按 Enter 键产生的。若要隐藏或显示段落标记符号↵,单击"开始"→"段落"→"↴"命令。

段落格式一般在"开始"→"段落"中设置,包括段落缩进和间距、对齐方式、行距、换行和分页等,如图 2-7 所示。

图 2-6 "字体"对话框

图 2-7 "段落"对话框

3. 页面格式设置

文档的页面格式设置就是设置页面的页边距、纸张方向、纸张大小、分栏、页眉、页脚等,一般在"布局"选项卡中设置。页面的颜色、边框和水印等在"设计"选项卡中设置。

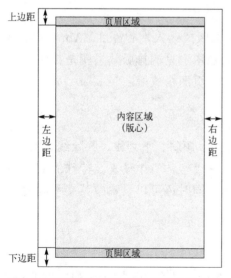

图 2-8 页面设置中的各组成部分的分布

页面设置中的各组成部分的分布如图 2-8 所示。

(1)设置页边距:单击"布局"→"页面设置"上的"页边距"按钮或页面设置对话框按钮 🖫 进行设置。

(2)设置纸张大小:单击"布局"→"页面设置"上的"纸张大小"按钮或页面设置对话框按钮 🖫 进行设置。

(3)页眉页脚:进入页眉页脚的方法如下。

方法 1:在页眉页脚处双击后进行编辑。

方法 2:单击"插入"→"页眉和页脚"→"页眉"→"编辑页眉"后编辑页眉。

方法 3:单击"插入"→"页眉和页脚"→"页脚"→"编辑页脚"后编辑页脚。

退出页眉页脚方法:双击正文或单击页眉页脚工具下的"设计"→"关闭"→"关闭页眉和页脚"选项。

(4)分栏:排版包括通栏和分栏。通栏就是文字从左到右或从上到下在页面上排列,分栏则是把页面分成多栏进行排列。分栏使文本阅读更方便,增加版面的活泼性,看起来更加专业。

单击"布局"→"页面设置"→"分栏",可将选择内容分为两栏、三栏、偏左、偏右等。单击"更多栏",在"栏"对话框中可设置栏数、宽度、间距、分隔线、应用范围等,如图 2-9 所示。

取消分栏的方法:单击"布局"→"页面设置"→"分栏",选择"一栏"即可。

(5) 设置页面颜色:页面背景或页面颜色主要用在 Web 浏览器中,为联机查看文档创建更有趣味的背景。也可以在 Web 版式视图和大多数其他视图中显示背景,大纲视图除外。

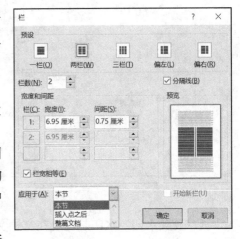

图 2-9　"栏"对话框

用户可以为页面背景应用页面颜色,或者渐变、纹理、图案和图片填充等效果。它们将以平铺或重复的形式填充页面。

方法 1:单击"设计"→"页面背景"→"页面颜色",选择相应的颜色,如图 2-10 所示。

方法 2:单击"设计"→"页面背景"→"页面颜色"→"填充效果",可以选择使用渐变、纹理、图案和图片进行设置。

(6) 设置页面边框:给文档加页面边框可加强页面效果,使其更具有吸引力。页面边框分为线型边框和艺术型边框。

方法 1:单击"设计"→"页面背景"→"页面边框",然后在"边框和底纹"对话框中进行设置,如图 2-11 所示。

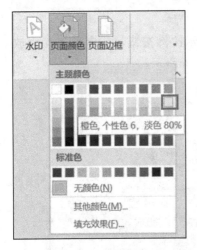

图 2-10　页面颜色

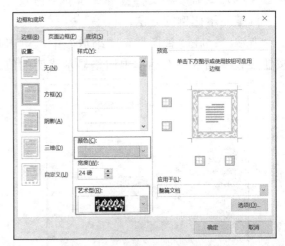

图 2-11　页面边框的设置

在"边框和底纹"对话框中除了可以设置页面边框以外,还可以设置文字边框或段落边框,如图 2-12 所示。

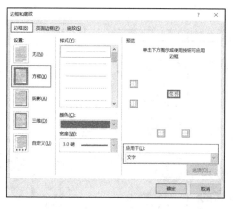

图 2-12   文字边框和段落边框的设置

(7)设置水印：水印是出现在文档文本后面的文字或图片，只能在页面视图和阅读视图下或在打印的页面中显示。分为文字水印和图片水印 2 种。文字水印可以选择预先设计好的水印，也可以自行输入水印文字。图片水印一般选择"冲蚀"以免影响文档文本效果。

①水印的添加方法：

单击"设计"→"页面背景"→"水印"→"自定义水印"，然后在"水印"对话框中进行设置，如图 2-13 所示。

②水印的删除方法：

方法 1：单击"设计"→"页面背景"→"水印"→"删除水印"。

方法 2：单击"设计"→"页面背景"→"水印"→"自定义水印"，在"水印"对话框中选择"无水印"。

(8)设置页面的显示比例：用户可以通过调整页面的显示比例，放大文档来更仔细地查看文档，或者缩小文档查看页面的整体效果或更多内容。

调整显示比例的方法：

方法 1：在"视图"→"缩放"中，单击相应的显示比例按钮，或者单击"缩放"按钮后在"缩放"对话框中调整显示比例的值，如图 2-14 所示。

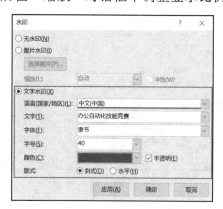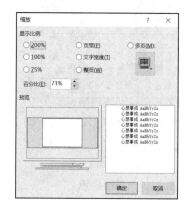

图 2-13   自定义水印的设置   图 2-14   "缩放"对话框

方法 2：直接拖动 Word 状态栏中的显示比例按钮即可调整显示比例的值。单击状态栏上右侧的"显示比例"工具中的"−"按钮缩小显示比例，单击"+"按钮可增大显示比例，而在中间的任意位置单击或拖动滑块都可以快速调整显示比例。

　　方法 3：按住 Ctrl 键，将鼠标滚轮向下滚动，页面变小；向上滚动，页面变大。

4. 格式的复制与清除

　　少量的相同文本或段落格式的设置，可以使用格式刷来快速进行格式的复制与清除。"格式刷" ⬚ 主要用来复制文本或图形的格式，利用它可以减少重复工作。

　　(1)格式的复制：使用格式刷来进行。在"开始"→"剪贴板"中，双击"格式刷"按钮，可以应用多次；单击"格式刷"按钮，只能应用一次。要停止格式刷功能，单击"开始"→"剪贴板"→"格式刷"按钮或按 Esc 键。

　　(2)格式的清除：若要清除文本的所有格式，选择文本后单击"开始"→"字体"→"清除所有格式"。

　　格式刷适用于格式复制较少的文档，需要设置的格式较多时，可以借助 Word 的样式功能。例如，大量的相同文本或段落格式的设置，一般使用样式来快速进行设置与应用。这部分在 3.1.3 节中进行介绍。

2.2　案例分析——常用的文档功能

案例 2-1　文档的录入

　　正确录入信息是文档设计的第一步，首先通过具体案例来学习 Word 是如何完成信息的录入与保存的。启动 Word，进行下列操作，效果如图 2-15 所示。

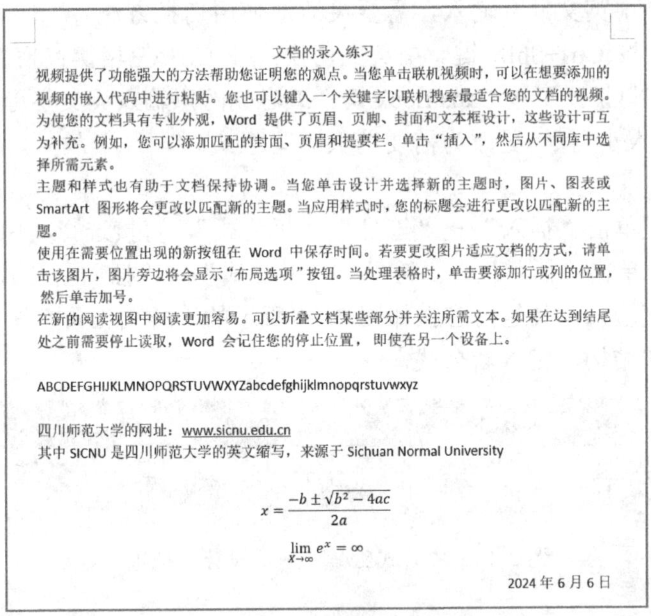

文档的录入练习

视频提供了功能强大的方法帮助您证明您的观点。当您单击联机视频时，可以在想要添加的视频的嵌入代码中进行粘贴。您也可以键入一个关键字以联机搜索最适合您的文档的视频。

为使您的文档具有专业外观，Word 提供了页眉、页脚、封面和文本框设计，这些设计可互为补充。例如，您可以添加匹配的封面、页眉和提要栏。单击"插入"，然后从不同库中选择所需元素。

主题和样式也有助于文档保持协调。当您单击设计并选择新的主题时，图片、图表或 SmartArt 图形将会更改以匹配新的主题。当应用样式时，您的标题会进行更改以匹配新的主题。

使用在需要位置出现的新按钮在 Word 中保存时间。若要更改图片适应文档的方式，请单击该图片，图片旁边将会显示"布局选项"按钮。当处理表格时，单击要添加行或列的位置，然后单击加号。

在新的阅读视图中阅读更加容易。可以折叠文档某些部分并关注所需文本。如果在达到结尾处之前需要停止读取，Word 会记住您的停止位置，即使在另一个设备上。

ABCDEFGHIJKLMNOPQRSTUVWXYZabcdefghijklmnopqrstuvwxyz

四川师范大学的网址：www.sicnu.edu.cn
其中 SICNU 是四川师范大学的英文缩写，来源于 Sichuan Normal University

$$x = \frac{-b \pm \sqrt{b^2 - 4ac}}{2a}$$

$$\lim_{X \to \infty} e^x = \infty$$

2024 年 6 月 6 日

图 2-15　"案例 2-1"效果图

　　(1)使用 rand 函数在文档开头快速产生默认的内容。

（2）在文档的开头输入标题"文档的录入练习"，居中对齐。

（3）在文本的后面输入大小写 26 个英文字母。

（4）输入与学校网址相关的 2 行内容。

（5）插入 2 个公式。

（6）插入当天的日期，并勾选"自动更新"复选框。

（7）保存文档。

问题解析：

1）快速产生大段内容

启动 Word，在英文状态下输入"=rand()"后按 Enter 键，将快速产生 Word 功能测试用的语句和段落，默认产生 4 段，每段 3 句话。函数 rand(x,y) 的功能是产生 x 段、每段 y 句话的文档。如果需要产生 10 段、每段 5 句话文档，需要在 Word 的开头输入"=rand(10,5)"。注意：必须在英文状态下而且是行首的位置输入函数的内容。

2）输入标题

将光标定位于文档开头，按 Enter 键，在文档开头空出一行，按 Ctrl+Shift 键或用鼠标选择一种输入法，输入中文标题"文档的录入练习"，单击"开始"→"段落"→"居中"设置标题居中。

3）输入英文字母

将光标定位于文字后面，按 Caps Lock 键，输入 26 个英文大写字母。再按 Caps Lock 键，回到中文输入状态。按 Ctrl+空格键（搜狗输入法可按 Shift 键）切换到英文输入状态，输入 26 个英文小写字母。

4）输入学校网址相关的 2 行内容

这 2 行内容是中英文混合输入，需要灵活地使用切换方法。

选择输入法：按 Ctrl+Shift 键。中英文切换：按 Ctrl+空格键；搜狗输入法可按 Shift键。大小写英文字母切换可按 Caps Lock 键；或者先随意输入英文字母，单击"开始"→"字体"→"更改大小写" 更改为需要的大小写形式。

5）插入公式

第 1 个公式：单击"插入"→"符号"→"公式"，直接选择其中内置的二次公式。

第 2 个公式：单击"插入"→"符号"→"公式"→"插入新公式"，公式中能直接输入的内容就直接输入，其他内容在如图 2-16 所示的"公式工具"→"设计"选项卡中选择相应的符号和结构，键入新公式。

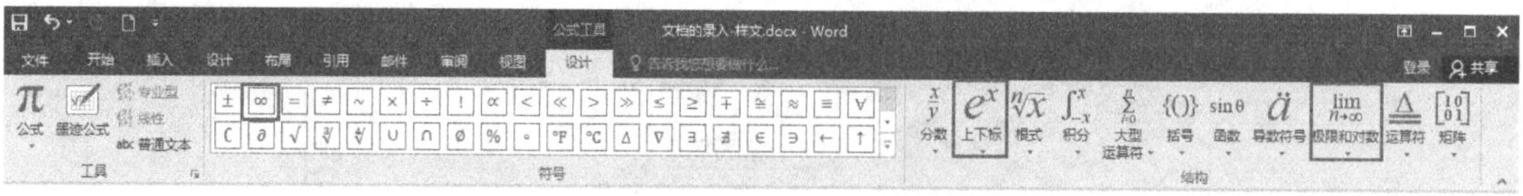

图 2-16　"公式工具"→"设计"选项卡

6）插入日期

单击"插入"→"文本"→"日期和时间"，在"日期和时间"对话框中选择日期格式勾选"自动更新"复选框后，单击"确定"按钮，如图 2-17 所示。

图 2-17　"日期和时间"对话框

7) 保存文档

单击"文件"→"保存"，在对话框中设置保存的位置和文件名后单击"确定"按钮。

案例 2-2　文档的排版

请在打开的 Word 文档中进行下列操作，效果如图 2-18 所示。

图 2-18　"案例 2-2"效果图

(1)设置字体格式。标题：隶书，一号，加粗，蓝色。副标题：微软雅黑，三号，加粗，斜体，深红色。落款：楷体，小四。"12 条高质量大学生活指南建议"(以下简称 12 条建议)的标题：微软雅黑，四号，加粗，深蓝色。12 条建议的内容：宋体，五号，黑色。最后 10 行的内容：微软雅黑，小四，加粗，蓝色，文本突出显示颜色为黄色。最后一行设置着重号。

(2)设置段落格式。标题：左对齐。副标题：右对齐。落款：右对齐。12 条建议的标题：自动编号。12 条建议的内容：首行缩进 2 个字符，单倍行距，间距段前 6 磅，段后 6 磅，段落底纹填充"橙色，个性色 6，淡色 80%"。最后 10 行的内容：居中。

(3)插入图片 1，设置为浮于文字上方，移动到标题左下方。

(4)设置页面的上、下边距均为 2.5 厘米，左、右边距均为 3.1 厘米。

(5)保存文档。

问题解析：

1)设置字体格式

字体格式在"开始"→"字体"中设置，其中包括字体、字号、加粗、斜体、字体颜色、文本突出显示颜色和着重号等。

图 2-19　设置着重号

选择标题，在"开始"选项卡中，设置字体为隶书，字号为"一号"。单击"加粗"按钮设置为"加粗"。单击字体颜色按钮设置为标准色中的蓝色。同理设置副标题和落款。

选择 12 条建议的第 1 个标题，设置为微软雅黑，四号，加粗，深蓝色。其他标题同理设置，或在"开始"→"剪贴板"中双击"格式刷"，使用格式刷在其他标题行的行首单击，将第 1 个标题的格式复制到其他标题上来，快速完成格式设置。同理设置 12 条建议的内容的格式。

设置着重号：选择内容，单击"开始"→"字体"→"↘"，在"字体"对话框中设置着重号，如图 2-19 所示。

2)设置段落格式

段落格式在"开始"→"段落"中设置，其中包括对齐方式、首行缩进、行距、段前段后间距、段落底纹和自动编号等。

(1)对齐方式的设置：设置左对齐、居中、右对齐、分散对齐和两端对齐 5 种对齐方式可以直接单击"开始"→"段落"中的相应对齐按钮。

(2)设置自动编号：自动编号的设置是在"开始"→"段落"→"编号"对话框中选择相应的编号格式。第 1 个编号设置好以后，将光标定位到其他标题行，按 F4 键重复刚才的编号设置。或者在其他相同编号格式的位置使用格式刷完成设置。

（3）首行缩进的设置：定位光标到该段落中，单击"开始"→"段落"→"⤵"，在"段落"对话框中设置首行缩进 2 字符，单倍行距，段前、段后各 6 磅，如图 2-20 所示。

（4）段落底纹的设置：单击"开始"→"段落"→"边框"→"边框和底纹"，在"边框和底纹"对话框中单击"底纹"选项卡，选择填充颜色为主题颜色中的"橙色，个性色 6，淡色 80%"，如图 2-21 所示。其他段落的格式可以在"开始"→"剪贴板"中双击"格式刷"复制格式。

图 2-20　"段落"对话框

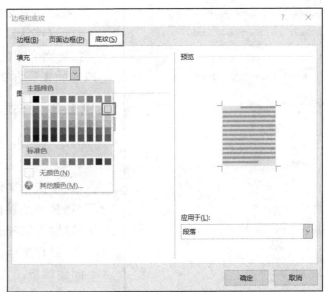
图 2-21　"边框和底纹"对话框

3）插入图片

定位光标到文档中，单击"插入"→"图片"，找到需要插入的图片后确定。选择图片，在"上下文"选项卡"图片工具"中的"图片格式"→"排列"→"环绕文字"中选择"浮于文字上方"，如图 2-22 所示。拖动图片到标题下方相应的位置。

只有插入并选择了对象，才会出现"上下文"选项卡。相关的"上下文"选项卡会以强调文字颜色出现在标准选项卡的最右边，上下文工具的名称以突出颜色显示。"上下文"选项卡提供用于处理所选对象的功能设置，如表 2-1 所示。

图 2-22　环绕文字方式

表 2-1   Word 的"上下文"选项卡

插入对象	工具名称	"上下文"选项卡
图片	图片工具	格式
图形、艺术字、文本框	绘图工具	格式
表格	表格工具	设计、布局
页眉页脚	页眉和页脚工具	设计
SmartArt 图形	SmartArt 工具	设计、格式
图表	图表工具	设计、格式

4）设置页边距

图 2-23   页边距设置

单击"布局"→"页面设置"→"页边距"→"自定义边距"，设置上下边距为 2.5 厘米，左右边距为 3.1 厘米，如图 2-23 所示。

5）保存文档

按前面介绍的方法保存文档，2.1.2 节的"3.保存文档"的 3 种方法之一。

案例 2-3   样式与模板

启动 Word，进行下列操作，排版效果如图 2-24 所示。

（1）单击"文件"→"新建"，搜索"简历和求职信"，选择一个模板。

（2）输入相应的内容。

（3）保存文档。

问题解析：

1）选择模板

单击"文件"→"新建"命令，搜索"简历和求职信"，选择一个模板或者直接搜索具体的模板。本案例直接搜索（如蓝灰色简历），如图 2-25 所示。单击"创建"按钮创建文档。

2）输入内容

删除左上角的图片，单击"插入"→"图片"，插入蓉宝图片。在其他位置输入或粘贴相应的简历内容。"简历-文字内容.docx"中提供了所需的文字内容。

3）保存文档

按前面介绍的方法即可保存文档。

案例 2-4   页面布局

请在打开的 Word 文档中进行下列操作，排版效果如图 2-26 所示。

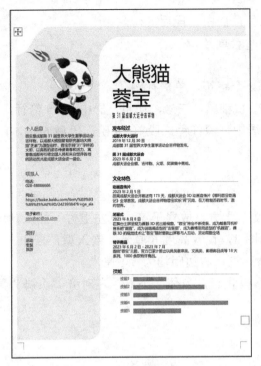

图 2-24　"案例 2-3"效果图

图 2-25　蓝灰色简历模板

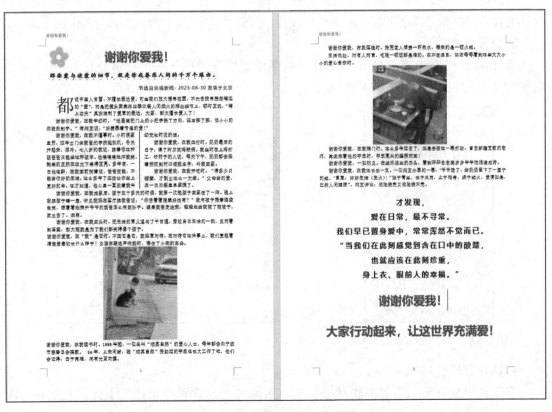

图 2-26　"案例 2-4"效果图

（1）标题：微软雅黑，一号，加粗，深红色，居中，段后 6 磅。

（2）第 2 行：楷体，小四，加粗，左对齐，着重号。

（3）第 3 行：微软雅黑，五号，右对齐。

（4）正文：宋体，五号，黑色。首行缩进 2 个字符，单倍行距。

（5）从"才发现"到"眼前人的幸福。"：微软雅黑，三号，加粗，居中，1.5 倍行距。

（6）最后 2 行：微软雅黑，一号，加粗，居中，深红色。段前 18 磅，段后 6 磅，1.5 倍行距。

（7）正文第 1 段设置首字下沉，下沉 3 行。

（8）正文第 3～5 段设置分 2 栏，栏宽相等，显示分隔线。

（9）插入动图 1，设置高度 2 厘米，浮于文字上方，放置于第 1 页左上方。插入动图 2，设置高度 7 厘米，嵌入型，居中。插入动图 3，设置高度 6 厘米，嵌入型，居中。

（10）设置页面的上、下边距均为 2.5 厘米，左、右边距均为 3.1 厘米。

（11）设置页眉页脚。页眉文字为"谢谢你爱我！"，宋体，小五，左对齐。页脚为阿拉伯数字页码，居中。

（12）保存文档。

问题解析：

1）设置首字下沉

将定位到内容第 1 段，单击"插入"→"文本"→"首字下沉"→"下沉"。如果需要进行其他设置，单击"首字下沉"选项进行设置，打开"首字下沉"对话框，如图 2-27 所示。

2）设置分栏

选择第 3～5 段，单击"布局"→"页面设置"→"栏"→"更多分栏"，在"栏"对话框中进行设置，如图 2-28 所示。

图 2-27 "首字下沉"对话框

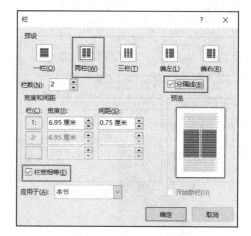

图 2-28 "栏"对话框

3）设置页眉页脚

双击页眉处，进入页眉编辑状态，输入页眉文字，设置为宋体，小五，左对齐。滚动鼠标，将光标定位到页脚处，单击"页眉和页脚"→"页码"→"页面底端"→"普通数字 2"，如图 2-29 所示。双击正文任何地方，即可退出页眉编辑状态。

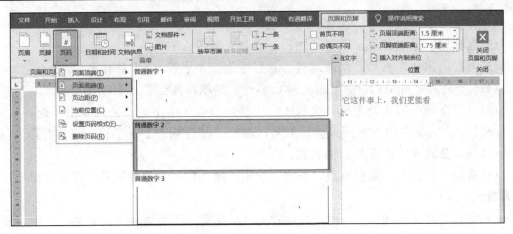

图 2-29　设置页脚格式

2.3　实践与应用

实践 2-1　文档的录入和格式设置

请在打开的 Word 文档中进行下列操作，效果如图 2-30 所示。

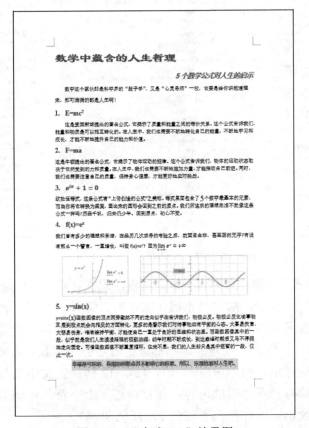

图 2-30　"实践 2-1"效果图

(1) 标题：隶书，一号，加粗，深红色，左对齐。

(2) 副标题：微软雅黑，四号，加粗，斜体，蓝色，右对齐。

(3) 前言：宋体，五号，两端对齐。首行缩进 2 个字符，1.5 倍行距。

(4) 5 个公式：Times New Roman 体，四号，加粗，深红色，自动编号。

(5) 设置文档中的 4 处上标：公式 1 中 1 处，公式 3 中 1 处，公式 4 中 2 处。

(6) 5 个公式下方的内容：宋体，五号，黑色。首行缩进 2 个字符，单倍行距。

(7) 插入公式 4 中内容最后的公式。

(8) 最后一行文字：微软雅黑，五号，加粗，深红色，设置着重号。文本突出显示颜色为黄色，居中。

(9) 插入图片 1 和图片 2。图片高度都为 2.8 厘米，环绕文字为嵌入型，居中，图片之间用 2 个 Tab 宽度分隔。图片边框颜色为"白色，背景 1，深色 15%"。

(10) 页面设置：上、下边距均为 2.5 厘米，左、右边距均为 3 厘米。

(11) 保存文档。

实践 2-2　文档的排版

请在打开的 Word 文档中进行下列操作，效果如图 2-31 所示。

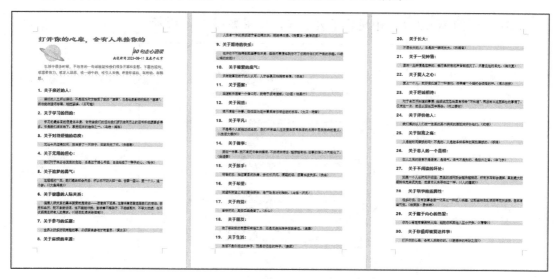

图 2-31　"实践 2-2"效果图

(1) 设置字体格式。标题：隶书，一号，加粗，蓝色对齐。副标题：微软雅黑，三号，加粗，斜体，深红色。落款：楷体，小四。第 1 段：黑体，小四，浅蓝色，着重号。正文中的标题：微软雅黑，四号，加粗，深蓝色。正文中的内容：宋体，五号，黑色。

(2) 设置段落格式。标题：左对齐。副标题：右对齐。落款：右对齐。第 1 段：首行缩进 2 个字符，单倍行距，间距段前 12 磅，段后 12 磅。正文中的标题：自动编号，同时删除原来的人工编号。正文中的内容：首行缩进 2 个字符，单倍行距，间距段前、段后各 6 磅。段落底纹填充"红色，个性色 2，淡色 80%"。

(3) 插入图片 2，设置为浮于文字上方，移动到标题的左下方。

(4) 设置页面的上、下边距均为 2.3 厘米，左、右边距均为 3 厘米。

(5) 保存文档。

实践 2-3　简历制作

启动 Word，进行下列操作，效果如图 2-32 所示。

(1) 单击"文件"→"新建"，搜索"简历和求职信"，选择一个模板。

(2) 输入相应的内容。

(3) 保存文档。

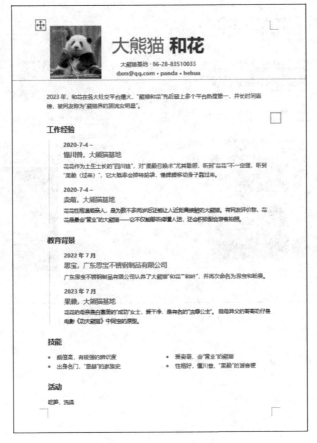

图 2-32　"实践 2-3"效果图

实践 2-4　文档的综合排版

请在打开的 Word 文档中进行下列操作，效果如图 2-33 所示。

(1) 标题：微软雅黑，一号，加粗，深红色，居中，段后间距 6 磅。

(2) 小标题：微软雅黑，小四，加粗，左对齐，自动编号。

(3) 正文：宋体，小四，黑色。首行缩进 2 个字符，单倍行距。

(4) 插入图片 1 和图片 2，设置高度 8 厘米，嵌入型，居中，2 幅图片之间有 1 个 Tab 间距。插入图片 3，设置高度 8 厘米，嵌入型，居中。插入图片 4，设置高度 8 厘米，嵌入型，居中。

（5）设置页面上、下边距均为 2.5 厘米，左、右边距均为 3.1 厘米。

（6）设置页眉文字为"摄影技巧"，宋体，小五，左对齐。页脚为居中的阿拉伯数字页码。

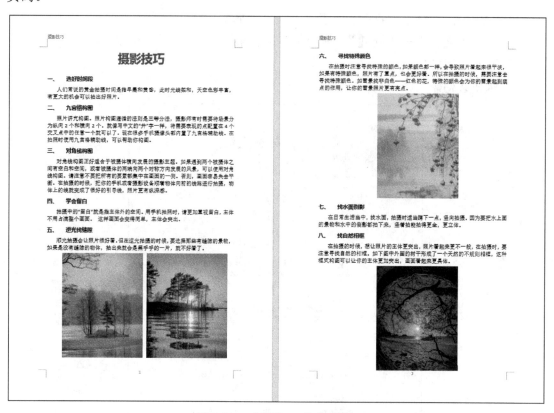

图 2-33　"实践 2-4"效果图

第 3 章　文档美化基础

通过对基础文档进行插入图片、表格、形状、艺术字和 SmartArt 图形等操作，可以对文档进行美化，还可以使用样式和多级列表对文档进行高级排版等。

3.1　知识索引——如何美化文档

文档美化包括插入各种对象后进行设置美化，高级排版包括邮件合并和长文档排版。

3.1.1　认识图文对象

在 Word 文档中，通过"插入"选项卡可以插入各种对象，如表格、图片、形状、艺术字和 SmartArt 图形等，这些对象可使文档更美观、吸引人。

1. 表格

Word 表格主要用于对齐排版并进行简单计算。表格中的序号可以使用编号填入或直接输入序号。表格通常在"表格工具"的"设计"选项卡和"布局"选项卡中设置。

1）插入表格

方法 1：单击"插入"→"表格"→"表格"，拖动鼠标左键选择相应的行列后产生表格。

方法 2：单击"插入"→"表格"→"表格"→"插入表格"，在"插入表格"对话框中设置参数后，单击"确定"按钮。

2）文本转换为表格

如果表格内容已存为文本格式，选择表格内容，单击"插入"→"表格"→"表格"→"文本转换成表格"，在对话框中设置列数、行数、文字分隔符号，单击"确定"按钮后插入表格。

3）表格的编辑

选择表格，单击"表格工具"的"设计"选项卡进行表格样式和表格边框的设置；单击"表格工具"中的"布局"选项卡可进行行或列的插入或删除、单元格的合并或拆分、表格的拆分、表格对齐方式的设置，以及表格的排序和计算等操作。

如图 3-1 所示就是将文本内容转换为表格，并应用了"网格表 5 深色着色 5"的表格样式。

将指针放到表格右下角的方框处，当指针变成双向箭头后可以快速调整整张表格的大小。将指针放到表格左上角的 4 个箭头处，可以选择表格并移动整个表格。

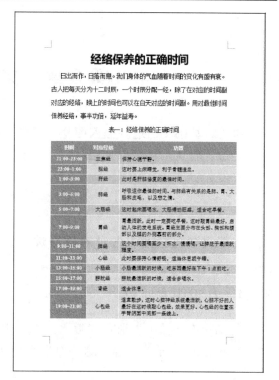

图 3-1　表格设置的原文和排版效果

2. 图片

1）插入图片

单击"插入"→"插图"→"图片"，选择图片。

2）编辑图片

选择图片，可以在"图片工具"→"格式"选项卡中对图片进行编辑，如图 3-2 所示。

图 3-2　"图片工具"→"格式"选项卡

3. 形状

Word 提供了多种自选形状，用户可以根据需要绘制线条、基本几何形状、箭头、流程图、星、旗帜和标注等形状，并设置形状的填充、轮廓及形状效果。

1）绘制形状

单击"插入"→"插图"→"形状"，选择线条、矩形、基本形状、箭头总汇、公式形状、流程图、星与旗帜和标注中的形状之一。直接拖动就可以画出形状，如果按 Shift 键+拖动鼠标，可以画出正的形状。

2）设置形状

选择形状，然后在"绘图工具"→"格式"选项卡中设置形状样式、排列和大小等，如图 3-3 所示。

图 3-3　"绘图工具"→"格式"选项卡

在"形状样式"选项卡中可以设置形状填充、形状轮廓和形状效果。形状填充包括颜色、图片、渐变和纹理；形状轮廓包括颜色、粗细和形状轮廓样式；形状效果包括阴影、映像、发光、柔化边缘、棱台和三维旋转。

4. 艺术字

艺术字为文档添加特殊艺术效果，具有一些特殊的艺术字样式的文本效果，如阴影、映像、发光、棱台、三维旋转和转换等。其中使用艺术字的转换功能可以拉伸标题，或对文本进行变形。用户可以随时修改艺术字或将其添加到现有艺术字对象的文本中。

1）插入艺术字

单击"插入"→"文本"→"艺术字"，选择其中任何一种预设艺术字样式，输入文字。

2）设置艺术字格式

选择艺术字，在"格式"选项卡中进行艺术字样式、排列和大小设置。其中艺术字样式包括文本填充、文本轮廓和文字效果的设置；排列包括艺术字的环绕文字方式、对齐和旋转等设置，如图 3-4 所示。

图 3-4　"绘图工具"→"格式"选项卡

文本框分为水平文本框与垂直文本框，一般用于制作小报、封面和对联。在 Word 中，文本框当作艺术字处理。

5. SmartArt 图形

使用 SmartArt 图形可在 Word 中快速而轻松地创建具有设计师水准的、漂亮精美的图形。

1）插入 SmartArt 图形

单击"插入"→"插图"→"SmartArt"，在"选择 SmartArt 图形"对话框中，在左侧的"流程"、"循环"、"层次结构"或"关系"等类型中选择一种 SmartArt 图形。

2）SmartArt 图形的设置

选择 SmartArt 图形后，左侧会显示"文本窗格"，可以很方便地在其中输入和修改 SmartArt 图形中的文字，按 Enter 键可以添加形状，按 Delete 键或 Backspace 键可以删除形状。可以通过"SmartArt 工具"→"设计"选项卡中的命令添加或删除形状，更改 SmartArt 的版式或样式，如图 3-5 所示。

图 3-5　"SmartArt 工具"→"设计"选项卡

3.1.2　邮件合并

在制作好了一张奖状的情况下，如果要制作多名学生的奖状，应该如何操作呢？那就要应用 Word 的邮件合并功能。邮件合并用于批量制作内容大致相同的文档。

邮件合并文档由固定版式的主文档和可变信息的数据源构成。主文档就是邮件合并文档中不变的内容。数据源就是邮件合并文档中变化的内容，一般用表格来呈现。

邮件合并就是将主文档中不变的内容和数据源中变化的内容合并到一起。

邮件合并应用案例的思维导图如图 3-6 所示。

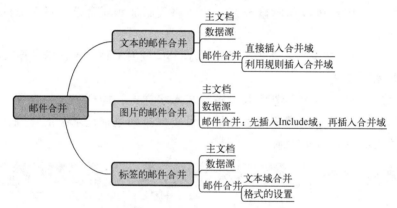

图 3-6　邮件合并应用案例的思维导图

文本的邮件合并方法有 2 种，如图 3-7 所示。

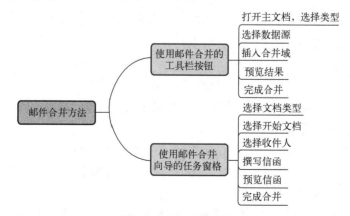

图 3-7　邮件合并方法

方法 1：使用邮件合并的工具栏按钮合并文档，一共 5 步。在"邮件"选项卡中选择相应的命令执行。

方法 2：使用邮件合并向导的任务窗格合并文档，一共 6 步。打开主文档，单击"邮件"→"开始邮件合并"→"开始邮件合并"→"邮件合并分步向导"，在文档右侧出现邮件合并向导窗格，根据向导依次完成。

3.1.3 高级排版

长文档通常指那些文字内容较多、篇幅相对较长并且文档层次结构相对复杂的文档。在日常使用 Word 办公的过程中，长文档的制作是我们常常需要面临的工作，如毕业论文、宣传手册、活动计划、购销合同、营销报告等类型的长文档。由于长文档涉及数十个页面，因此必须有目录、页眉、页码等清晰的导航，便于阅读者阅读。在制作论文、产品说明书等文档时，还需要有清晰的引用文献等。下面介绍长文档排版的样式、多级列表和目录等知识与技巧，使学生实现长文档的轻松排版。

1. 样式设置

样式是文本格式和段落格式的集合。样式最大的好处是只需设置一次，就能反复使用，避免重复操作，提高排版效率。当想更改文档的标题格式时，借助样式可以一键修改所有的标题，而不需要一个一个地更改。样式是 Word 自动化排版的基础，一键生成目录文档、文档结构导航及 Word 一键转 PPT 等都是以套用样式为基础的。

在 Word 中，内置样式是一些样式的集合，这些样式设计相互搭配，以创建吸引人、具有专业外观的文档。样式包括标题样式、正文样式、图片样式、表格样式等。

Word 中的所选文本应用样式非常简单，在"开始"→"样式"组中，可以单击所需的样式，如图 3-8 所示。

图 3-8 "开始"→"样式"组

1) 应用样式

在没有设置标题样式前，文档内容默认的样式为正文样式。论文一般应用三级标题样式。1 级标题应用"标题 1"样式，2 级标题应用"标题 2"样式，3 级标题应用"标题 3"样式，如图 3-9 所示。

图 3-9 文档的标题样式

应用"标题 1"样式的方法是选择相应的标题，单击"开始"→"样式"→"标题 1"。应用其他标题样式的方法同理。

2）修改样式

修改样式就是通过样式修改格式。如果应用的"标题 1"样式和题目要求的"标题 1"样式不同，这时就需要修改样式了。右击"开始"→"样式"→"标题 1"，在快捷菜单中选择"修改"命令，出现"修改样式"对话框。在"修改样式"对话框中设置文本格式或者单击"修改样式"对话框左下角的"格式"→"字体"，可以在"字体"对话框中设置文本格式。单击"修改样式"对话框左下角的"格式"→"段落"，可以在"段落"对话框中设置段落格式，同时在"段落"对话框中可以看到"标题 1"样式的大纲级别自动应用为 1 级，如图 3-10 所示。修改其他标题样式的方法同样处理。

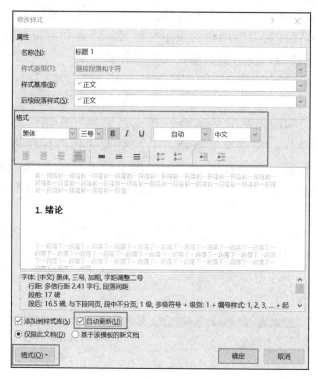

图 3-10　"修改样式"对话框

2. 编号和项目符号设置

编号设置分为手动编号和自动编号 2 种。区别在于文档中某部分内容增加或减少后，手动编号需要手动调整，而自动编号会自动更新调整，不需要人工干预，从而提高了工作效率。

1）自动编号和项目符号

定位光标，单击"开始"→"段落"→"编号"。在编号库中选择相应的编号格式或者定义新编号格式。可以在"定义新编号格式"对话框中设置编号样式和对齐方式等。

定位光标，单击"开始"→"段落"→"项目符号"，同样方法设置项目符号。

2）多级列表

多级列表是 Word 提供的实现多级编号功能，但它又与编号功能不同，因为多级列表可以实现不同级别之间的嵌套。如本书中一级标题、二级标题、三级标题等之间的嵌套，"第 1 章""第 2 章"等属于一级标题，第 2 章下的"2.1""2.2"等属于二级标题，"2.1.2""2.2.3"等属于三级标题。

使用多级列表最大的优势在于，更改标题的位置后，编号会自动更新，而手动输入的编号则需要人工逐一修改。

多级列表的应用：定位光标，单击"开始"→"段落"→"多级列表"，在列表库中选择相应的多级列表样式，光标所在行就应用了该多级列表样式，如图 3-11 所示。

3．快速生成目录

在处理书籍、毕业论文或工作中的长文档时，一般要求创建目录。目录是 Word 系统自动创建的，便于修改，提高效率。目录通常放置在正文前，一般目录显示到三级标题。

1）创建目录的前提条件

制作目录的关键是给文档所有标题应用标题样式。其实大纲级别是 Word 生成目录的唯一依据。虽然设置大纲级别就可以创建自动目录，但依然建议使用内置了大纲级别的标题样式，这样修改格式更方便。方法参见前面的样式设置内容。

图 3-11 多级列表样式

2）生成目录

目录一般与前面和后面正文的内容具有不同的页眉页脚，同时目录需要一个新的页面来放置，所以一般需要在正文的最前面插入分节符产生空白页。

将光标定位于空白页，单击"引用"→"目录"→"目录"→"自定义目录"，确定后即可插入默认目录。

3.2 案例分析——文档的美化和高级排版

为了清晰地理解各种图文对象、邮件合并和长文档排版所包含的关键要素，对文档排版内容设计了如下案例。

案例 3-1 插入图文对象

请在打开的 Word 文档中进行下列操作，排版效果如图 3-12 所示。

（1）插入"蓉宝"图片，设置图片的高度为 4 厘米，宽度为默认值；环绕文字方式为

图 3-12　"案例 3-1"效果图

"浮于文字上方",并放置于文档的左上方。

（2）插入文字水印"第 31 届成都大运会组委会",设置为隶书,深红色,斜式,半透明。

（3）设置页面颜色为"橙色,个性色 6,淡色80%"。

（4）插入页面边框:第 14 个艺术边框,宽度为"10 磅"。

（5）插入形状制作电子图章并移动到页面右下角。

问题解析:

1）插入图片并设置

单击"插入"→"插图"→"图片",找到图片插入后,单击"图片工具"→"格式"→"大小"→"宽度",设置为 4 厘米。单击"图片工具"→"格式"→"排列"→"环绕文字",选择"浮于文字上方",如图 3-13 所示。拖动图片到文档的左上方。

图 3-13　"图片工具"→"格式"选项卡

2）插入水印

单击"设计"→"页面背景"→"水印"→"自定义水印",在"水印"对话框中进行设置,如图 3-14 所示。

3）设置页面颜色

单击"设计"→"页面设置"→"页面颜色",选择"橙色,个性色 6,淡色 80%"。

4）插入页面边框

单击"设计"→"页面设置"→"页面边框",在"边框和底纹"对话框中的页面边框中进行设置。本案例中选择的是第 14 个艺术边框,宽度设置为"10 磅",如图 3-15 所示。

图 3-14　"水印"对话框

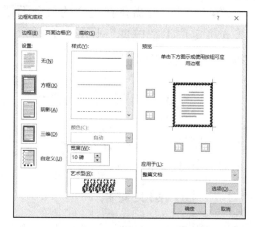

图 3-15　"边框和底纹"对话框

5）制作电子图章

（1）电子图章的外边框为正圆形，单击"插入"→"插图"→"形状"→"基本形状"→"椭圆"，在文档中画出一个椭圆。选择椭圆，在"形状样式"选项卡中设置形状填充为无填充颜色，形状轮廓为红色，形状粗细为 3 磅。在"绘图工具"→"格式"→"大小"中设置宽度为 4.2 厘米，高度为 4.2 厘米，如图 3-16 所示。

图 3-16　　"绘图工具"→"格式"选项卡

（2）绘制五角星：单击"插入"→"形状"→"星与旗帜"→"五角星"，绘制出一个五角星。选择五角星，在"绘图工具"→"格式"→"形状样式"中设置形状填充为红色，形状轮廓为红色，宽度为 1 厘米，高度为 1 厘米。

（3）制作印章文字：印章文字是艺术字，单击"插入"→"文本"→"艺术字"下的第 1 种样式，输入文本"第 31 届成都大运会组委会"。选择艺术字，在"形状格式"→"艺术字样式"中设置文本填充为红色，文本轮廓为红色。选择艺术字，单击"艺术字样式"→"文字效果"→"转换"→"跟随路径"中的第 1 种样式。在"形状格式"→"大小"中设置高度为 4 厘米，宽度为 4.5 厘米。将印章文字复制一份，将文本改为印章的 18 位编码，如"123456789123456789"。选择编号艺术字，单击选择"形状格式"→"艺术字样式"→"文字效果"→"转换"→"跟随路径"中的第 2 种，将艺术字拖到印章中相应的位置。

（4）选择任何一个形状，单击"形状格式"→"排列"→"选择窗格"，按 Ctrl 键单击电子图章的各个组成对象，右击后在快捷菜单中选择"组合"命令，将各个对象组合起来作为一个完整的电子图章，效果如图 3-12 中的电子图章所示。选择电子图章，单击"形状格式"→"排列"→"环绕文字"，选择"浮于文字上方"，将电子图章移动到文档中右下角的位置。最后单击"保存"按钮保存文档。

案例 3-2　制作运动会聘书

请在打开的 Word 文档中进行下列操作，排版效果如图 3-17 所示。

图 3-17　　"案例 3-2"效果图

(1)制作邮件合并的主文档：打开"大运会聘书-原文"文档，删除聘书中变化的内容，另存为聘书主文档。

(2)打开邮件合并的数据源"大运会志愿者表"，查看表格的内容和标题并关闭。

(3)使用邮件合并工具栏合并文档。

(4)再次设置合并后文档的页面颜色，保存合并文档。

问题解析：

1)制作文本邮件合并的主文档

打开"大运会聘书-原文"文档，删除变化的内容，如姓名和类别，另存为主文档。

2)邮件合并的数据源

用 Word 表格、Excel 表格都可以制作数据源。本案例中的数据源"大运会志愿者表"已提供。查看内容和标题后关闭。

3)邮件合并

邮件合并就是将主文档中不变的内容和数据源中变化的内容合并到一起。本案例使用邮件合并的工具栏按钮合并文档。

(1)打开主文档，单击"邮件"→"开始邮件合并"→"开始邮件合并"，选择相应的文档类型，这里选择普通 Word 文档。

(2)单击"邮件"→"开始邮件合并"→"选择收件人"→"使用现有列表"，找到数据源"大运会志愿者表"，单击"打开"按钮。

(3)定位光标位置。单击"邮件"→"编写和插入域"→"插入合并域"，选择相应位置的域名。

(4)单击"邮件"→"预览结果"→"预览结果"，预览合并结果。

(5)单击"邮件"→"完成"→"完成并合并"→"编辑单个文档"，在"合并到新文档"对话框中单击"确定"按钮后合并记录，如图 3-18 所示。

图 3-18　"合并到新文档"对话框

(6)合并后文档默认名称为"信函 1"。再次设置页面颜色，并保存合并文档。

案例 3-3　长文档排版

请在打开的 Word 文档中进行下列操作，排版效果如图 3-19 所示。

(1)调整文档版面，要求纸张大小为 A4，所有页面上、下页边距均为 2.5 厘米，左、右边距均为 3.1 厘米。

(2)设置文章标题为微软雅黑，28 磅，加粗，居中。设置以数字 1、2 等开头的段落为标题 1 样式，自动编号。设置以数字 1.1、1.2、2.1 等开头的段落为标题 2 样式。设置以数字 3.1.1、3.1.2、3.2.1 等开头的段落为标题 3 样式。设置正文为宋体，五号，首行缩进 2 个字符，单倍行距。

（3）将文档中的所有图片和图片下的题注设置为居中对齐。在 3.2.1 节中插入图 5 中的 2 幅图片，设置图片高度为 4 厘米，居中对齐，图片之间间隔 1 个 Tab 的位置，并取消图片所在行的首行缩进，设置图 5 的题注居中对齐。在 4.1.2 节中插入图 7 中的 2 幅图片，设置第 1 幅图片高度为 4.5 厘米，居中对齐；第 2 幅图片高度为 5 厘米，居中对齐，并取消图片所在行的首行缩进，设置图 7 的题注居中对齐。

（4）设置 2.2 节中的表格标题居中对齐，表格应用"网格表 4-着色 5"，并设置第 1 行标题居中对齐。

（5）为文章第一句诗句"九天开出一成都，万户千门入画图"插入脚注"出自唐代李白《上皇西巡南京歌十首》。"，设置为宋体，小五。为成都市（正文第 2 段开头）、大运会（4.1 节）、世运会（4.2 节）3 处插入尾注，尾注内容在括号中，设置为阿拉伯数字格式，Times New Roman 体，小五。将文档最后尾注前的编号取消上标设置，添加中括号。

（6）插入目录。

（7）制作封面。封面的艺术字为"成都"，设置文本填充和文本轮廓为深红色，华文行楷，200 磅，文字方向为垂直，并设置水平居中，垂直居中。

（8）设置页眉页脚，封面和目录无页眉，页脚格式设置为"壹，贰"。正文的页眉为"魅力成都"，居中对齐。页脚格式设置为阿拉伯数字格式，居中对齐。

（9）更新目录后保存文档。

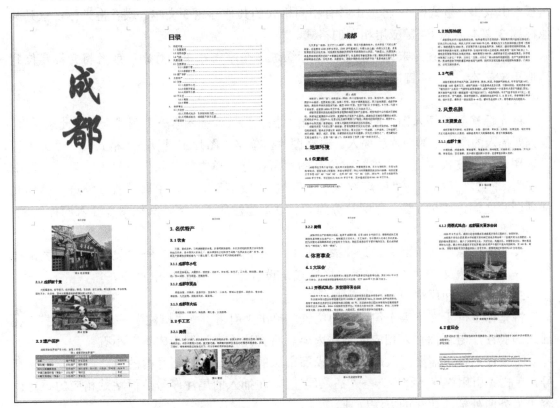

图 3-19　"案例 3-3"效果图

问题解析：

1）调整文档版面

方法 1：单击"布局"→"页面设置"→"纸张大小"，设置为 A4。单击"布局"→"页面设置"→"页边距"→"自定义页边距"，设置上、下边距和左、右边距。

方法 2：单击"布局"→"页面设置"→"⌐"，在"页面设置"对话框中进行设置。

2）设置样式

选择文章标题，设置为微软雅黑，28 磅，加粗，居中。

设置标题样式：选择数字 1 开头的段落，单击"开始"→"样式"→"标题 1"，如图 3-20 所示。将光标定位到数字 1 开头的段落，单击"开始"→"段落"→"编号"，选择相应的编号格式，并将原来的数字人工编号删除。标题 1 设置好了后，在"开始"→"剪贴板"中双击"格式刷"，再单击具有相同格式的其他标题 1 文本。或者将光标定位到其他标题 1 文本，按 F4 键应用相同的格式。

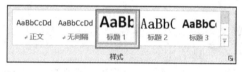

图 3-20　标题样式

选择数字 1.1 开头的段落，单击"开始"→"样式"→"标题 2"。在"开始"→"剪贴板"中双击"格式刷"，再单击具有相同格式的其他标题 2 文本。或者将光标定位到其他标题 2 文本，按 F4 键应用相同的格式。

选择数字 2.1.1 开头的段落，单击"开始"→"样式"→"标题 3"。在"开始"→"剪贴板"中双击"格式刷"，再单击具有相同格式的其他标题 3 文本。或者将光标定位到其他标题 3 文本，按 F4 键应用相同的格式。

选择正文，设置为宋体，五号，首行缩进 2 个字符，单倍行距；或者将光标定位到其他正文文本，按 F4 键应用相同的格式。

3）插入图片

将光标移到要插入图片的位置，单击"插入"→"插图"→"图片"→"此设备"，找到要插入的图 5 中的图片后插入。选择图片，单击"图片工具"→"格式"→"大小"，设置图片的高度或宽度。将光标定位到图片所在行，单击"开始"→"段落"→"居中对齐"。单击"开始"→"段落"→"⌐"，在"段落"对话框中取消首行缩进。移动光标到图片之间，按 Tab 键，将图片分隔开。设置题注居中对齐。其他图片插入同样处理。

4）表格设置

设置表格标题居中对齐。选择整个表格，单击"表格工具"→"设计"→"表格样式"→"网格表 4-着色 5"，应用表格样式，设置第 1 行标题居中对齐。

5）插入脚注和尾注

将光标定位于文章第 1 句诗句的位置，单击"引用"→"脚注"→"插入脚注"，在插入的脚注序号后面输入相应的脚注内容。将脚注内容设置为宋体，小五。

将光标定位于需要插入尾注的"成都市"的位置，剪切括号内的尾注内容，删除括号，单击"引用"→"脚注"→"插入尾注"，在插入的尾注序号后面粘贴相应的尾注内容。另外两处插入尾注的方法同理。

选择文档最后尾注前的编号，单击"开始"→"字体"→"上标"，取消上标设置，添

加中括号。将尾注内容设置为 Times New Roman 体，小五。单击"引用"→"脚注"→
"⤵"，在"脚注和尾注"对话框中设置尾注格式为阿拉伯数字格式，如图 3-21 所示。

　6）插入目录和制作封面

　（1）插入目录。参照效果图，目录页和正文的页眉和页脚不同，需要插入分节符。将
光标定位于文章标题"成都"的前面，单击"布局"→"页面设置"→"分隔符"→"分
节符"→"下一页"插入空白页。将光标定位于空白页的开头双击，输入"目录"二字，
换行后单击"引用"→"目录"→"目录"→"插入目录"，在"目录"对话框中默认设
置，单击"确定"按钮，如图 3-22 所示。

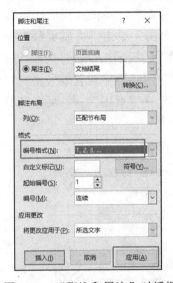

图 3-21　"脚注和尾注"对话框　　　　　　　图 3-22　"目录"对话框

　　若标题与正文之间插入的不是分节符，插入目录后的补救方法是，将光标定位于目
录最后面，单击"布局"→"页面设置"→"分隔符"→"分节符"→"连续"，后面才
能设置不同的页眉和页脚。

　　插入目录后，可以快速访问文档内容。方法是将光标定位于目录中的任意位置，会
出现链接提示，根据提示按住 Ctrl 键并单击即可快速访问文档中的相应内容。单击"视
图"→"显示"→"导航窗格"，在出现的导航窗格中单击需要访问的标题，也可以快速
访问文档中的内容。

　　（2）制作封面。参照效果图，目录页和封面的页眉和页脚相同，需要插入分页符。所
以将光标定位于"目录"的前面，单击"布局"→"页面设置"→"分隔符"→"分页
符"，或者单击"插入"→"页面"→"分页"插入空白页。将光标定位于空白页，单
击"插入"→"文本"→"艺术字"，选择艺术字格式，如第 1 行第 3 种样式，输入内容
"成都"。选择艺术字，单击"形状格式"→"艺术字样式"，设置艺术字的文本填充和文
本轮廓都为深红色。选择艺术字，在"开始"→"字体"中设置为华文行楷，字号为 200
磅。单击"形状格式"→"文本"→"文字方向"→"垂直"，让艺术字竖排显示。单击
"形状格式"→"排列"→"对齐"中的水平居中和垂直居中，设置艺术字居于页面中央。

7) 设置页眉页脚

将光标定位到目录页中，单击"插入"→"页眉和页脚"→"页脚"→"编辑页脚"，进入"页眉和页脚"编辑状态，在目录页的页脚处，单击"页眉页脚"→"页码"→"设置页码格式"，选择编号格式后确定。再单击"页眉页脚"→"页码"→"页面底端"→"普通数字 2"的格式后插入页码，如图 3-23 所示。单击"页眉页脚"→"关闭页眉和页脚"后退出页眉页脚编辑状态。

双击正文第 1 页的页眉，将光标定位到正文第 1 页的页眉处，确认目录为第 1 节，正文为第 2 节。单击"页眉页脚"→"导航"→"链接到前一节"，去掉正文页眉处"与上一节相同"的提示。在正文页眉处输入"魅力成都"的页眉内容。单击"页眉和页脚"→"导航"→"转至页脚"或滚动鼠标将光标定位到正文的页脚，单击"页眉页脚"→"导航"→"链接到前一节"，去掉正文页脚处"与上一节相同"的提示。单击"插入"→"页眉和页脚"→"页码"→"设置页码格式"，在"页码格式"对话框中设置编号格式和起始页码，如图 3-24 所示。再次单击"插入"→"页眉和页脚"→"页码"→"页面底端"→"普通数字 2"。双击正文退出页眉页脚编辑状态。

图 3-23　目录页的页码格式设置

图 3-24　正文的页码格式设置

8) 更新目录后保存文档

对照样文检查整篇文档的格式，一般内容有改动导致页码变化后都需要更新目录。将光标定位到目录处，右击后在快捷菜单中选择"更新域"命令，在"更新目录"对话框中设置后单击"确定"按钮，如图 3-25 所示。检查文档无误后即可保存文档。

图 3-25　"更新目录"对话框

3.3　实践与应用

实践 3-1　图文对象的应用

请在打开的 Word 文档中进行下列操作，排版效果如图 3-26 所示。

（1）插入世运会图片，设置图片的高度为 4 厘米，宽度为默认值；环绕文字方式为"浮于文字上方"；并放置于文档的左上方。

（2）插入文字水印"第 12 届成都世界运动会组委会"，设置为隶书，深红色，斜式，半透明。

（3）设置页面颜色为"橄榄色，个性色 3，淡色 80%"。

（4）插入页面边框：第 8 个艺术边框，宽度为 10 磅。

（5）插入形状制作电子图章并移动到页面右下角。

（6）保存文件。

图 3-26　"实践 3-1"效果图

实践 3-2　制作世运会聘书

请在打开的 Word 文档中进行下列操作，排版效果如图 3-27 所示。

（1）制作邮件合并的主文档。打开"世运会聘书-原文"文档，删除聘书中变化的内容，另存为聘书主文档。

（2）打开邮件合并的数据源"世运会志愿者表"，查看表格的内容和标题并关闭。

（3）使用邮件合并工具栏合并文档。

（4）再次设置合并后文档的页面颜色，保存合并文档。

图 3-27　"实践 3-2"效果图

实践 3-3　论文排版

请在打开的 Word 文档中进行下列操作，排版效果如图 3-28 所示。

图 3-28　"实践 3-3"效果图

(1)调整文档版面,要求纸张大小为 A4,所有页面上下页边距为 2.5 厘米,左右边距为 3.1 厘米。

(2)设置标题为微软雅黑,28 磅,加粗,居中。设置以数字 1、2 开头的段落为标题 1 样式。设置以数字 1.1、1.2、2.1 开头的段落为标题 2 样式。设置以数字 3.1.1、3.1.2、3.2.1 开头的段落为标题 3 样式。设置正文为宋体,五号,首行缩进 2 个字符,单倍行距。

(3)插入图片 3,设置图片高度为 7 厘米,并将文档中的所有图片和图片下的题注设置为居中对齐。

(4)插入大熊猫(正文第 1 段开头)、大熊猫和叶(4.5.2 节的第 1 段)2 处尾注,尾注内容在括号中,设置为阿拉伯数字格式,Times New Roman 体,小五。将文档最后尾注前的编号取消上标设置,添加中括号。

(5)插入目录。

(6)制作封面:封面的艺术字为"大熊猫",设置文本填充和文本轮廓为深红色,华文行楷,150 磅,文字方向为垂直,并设置水平居中,垂直居中。

(7)设置页眉页脚,封面和目录无页眉,页脚格式设置为"壹,贰"。正文的页眉为"国宝大熊猫",居中对齐。页脚格式设置为阿拉伯数字格式,居中对齐。

(8)更新目录后保存文档。

第 4 章　数据处理基础

表格作为日常生活中记录数据信息的有效方式，清晰易懂的表格制作是我们生活与学习必备的基本数据管理技能之一。这一章以 Excel 软件为基础，以软件"最初应该掌握的基本操作和思考方式"为主题，重点介绍清晰易懂表格的制作方法。同时介绍 Excel 软件高效的使用方法技巧，帮助大家正确、高效地完成 Excel 的相关操作，有效地提升学习和工作效率。

4.1　知识索引——如何设计一份清晰的数据表

在日常生活中，常见的表格分为两种：一种是数据表，它的结构清晰，一行就是一条数据，一列就是与这些行数据相关的一个数据，这些数据往往都未经过计算；另一种就是报表，通常包含经过计算的数据。

本节以数据表为例，从修改布局、设计样式和提高文字的可读性 3 方面来探索如何设计出一份简洁、清晰、易读的数据表格，如图 4-1 所示。

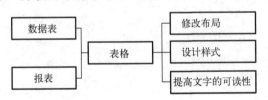

图 4-1　表格及其设计

4.1.1　Excel 表格的基本对象

Excel 是一款集电子表格、数据统计与分析、图表创建于一体的办公软件，它可以快速建立规范表格、可视化图表，并可以进行数据计算等。为了能够高效正确地使用该软件，首先要掌握其 3 个基本对象：工作簿、工作表和单元格。

工作簿、工作表与单元格是 Excel 的对象，它们也是构成 Excel 的支架。工作簿、工作表与单元格之间是包含与被包含的关系，如图 4-2 所示。

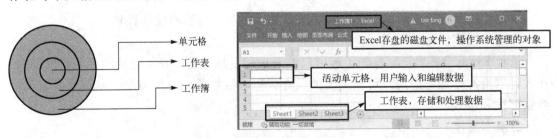

图 4-2　工作簿、工作表与单元格关系图

说明：

（1）单元格：最基本的数据存储单元，通过对应的行号和列标进行命名和引用，且列标在前行号在后，如 C10 表示第 C 列第 10 行单元格。在单元格中可以输入文字、数据、日期或进行计算，并显示实际结果。当单元格周围出现粗黑框时，表示该单元格为活动单元格，此时用户可以在该单元格中输入或编辑数据。

（2）工作表：单元格的集合，主要用于存储和处理数据。新建工作簿时，系统自动为工作簿创建表名为 Sheet1 的工作表，工作区中的工作表标签自动显示对应的工作表名。用户可根据需要对工作表重新命名。

（3）工作簿：用于保存表格中的内容的文件，其文件类型为".xlsx"。通常所说的 Excel 文件指的就是工作簿。启动 Excel 后，系统会自动打开一个空白的工作簿，Excel 会自动将其命名为"工作簿 1"，如图 4-3 所示。一个工作簿中可以包含若干个工作表，因此，可以将多个相关工作表组成一个工作簿，操作时不用打开多个文件，可以直接在同一个工作簿中进行切换。

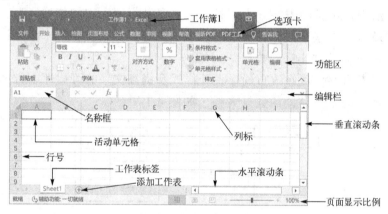

图 4-3　打开空白工作簿

4.1.2　表格的专业设计理念

阅读表格时，首先会研究表格中包含哪些数据，即了解表格的结构。如果表格结构混乱，那么使用者就会花很多时间去解读"这份表格在说明什么"，从而产生困扰。因此，要制作一份清晰易懂的表格，需要掌握表格设计的一些基本理念。

1. 表格设计的基本理念

设计一份专业、实用的 Excel 数据表需要具备如下的基本设计理念。

1）用户需求优先原则

设计 Excel 表格时，应首先了解用户的需求和目标，确保表格能够满足用户的需求。在设计表格时，应考虑用户可能需要的数据类型、数据量和分析方法，从而选择合适的数据字段和格式。

2）清晰易懂

Excel 表格的设计应该清晰易懂，方便用户理解和使用。这包括使用易于理解的标题、注释和符号，以及采用标准的格式和颜色。

3) 数据准确性

Excel 表格的设计应该确保数据的准确性。这包括使用正确的数据类型、格式和单位，避免数据溢出或错误。

4) 良好可读性

Excel 表格的设计应该具有良好的可读性。这包括使用易于阅读的字体、字号和行高，确保数据在各种屏幕尺寸下都清晰可见。同时，应使用合适的对齐方式、边框和间距，以提高表格的可读性和美观度。

5) 规范命名

Excel 表格的设计应该遵循规范命名的原则。这包括为工作表、工作簿、单元格和字段等元素使用有意义的名称，以便用户能够轻松地识别和引用这些元素。

通过遵循这些设计理念，可以设计出易于使用、具有吸引力且满足工作和生活的需求的 Excel 表格。每周家务安排表如图 4-4 所示。

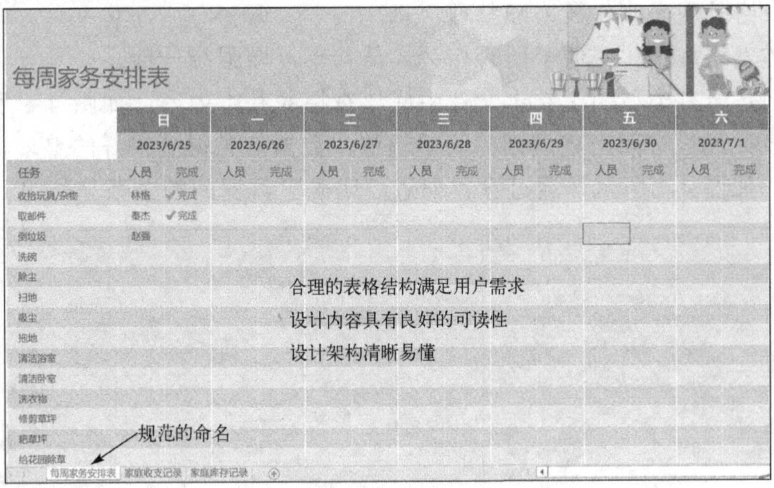

图 4-4　每周家务安排表

2. 表格设计常用基本原则

日常在 Excel 软件的制作过程中，并没有什么唯一的标准答案，每个行业和职业都有自己的工作惯例和习惯，因此，在表格制作过程中，一定要在理解这些惯例和习惯的基础上，认真思考"什么样的表格才是清晰、易懂的表格"。一般情况下，可以尝试使用以下大家共用的方法和原则。

(1) 表格不要从 A1 单元格开始制作。表格从 A1 单元格开始制作会出现如下问题：

① 看不到表格的上边框，不便于做边框，这样在打印时容易出现错误。

② 无法一目了然地确定当前表格是否到达边界，需要拖动滚动条观察才行。

而从 B2 单元格开始制作，就可以很好地避免上面两个问题。另外，建议留白列的列宽为 3，留白行的行高设置为"和其他行同样高度"。

(2) 根据用途和目的选择字体。对于字体的选择，有两点很重要：

①在使用场景中选择最易读的字体。

②在数据分组内使用统一的字体。

Yu Gothic 字体是 Excel 2016 版本中的标准字体，是一种正式的、容易看的字体。其文字边缘柔和，在高分辨率的画面中或者放大显示时方便阅读，但是在 Excel 2013 之前的版本中无法使用。MS PGothic 字体是在 Excel 2013 之前的版本中的标准字体，在低分辨率的画面中或者缩小印刷时能够看得很清楚，但是对数值的显示比较粗糙。Arial 字体适合表现数值较为美观的西文字体，可以弥补 MS PGothic 字体显示数值时的缺失。3 种字体的比较如图 4-5 所示。

	A	B	C	D
1				
2		Yu Gothic	入校学生总量信息	123,456
3		MS PGothic	入校学生总量信息	123,456
4		Arial	---	123,456
5		MS PGothic&Arial	入校学生总量信息	123,456
6				

图 4-5　3 种字体的比较

(3) 调整行高、列宽和边框功能，确保表格的可看性。专业的表格必须“易看”，而易看的关键在于“留白”，留出充足的余白，会使得表格显得易看。其中，“易看”有两点很重要：

①根据表格外观来制作表格和整理信息。

②将同类表格规则化，便于所有相关人员共享，增强统一性。

这些规则是所有类型的 Excel 文件中应该掌握的基本内容。如图 4-6 所示是纯文本输入的数据表，经过按照上述规则的简单调整，数据信息得到很好的整理，各个数据变得清晰明白。如图 4-7 所示，通过设置缩进，明确了数据间的关系与作用。

	A	B	C	D
1	销售计划			
2		方案1	方案2	方案3
3	销售额(元)	390000	480000	570000
4	单价（元）	600	600	600
5	销售数量（个）	650	800	950
6	费用（元）	32102	42303	52504
7	人工费（元）	18400	27600	36800
8	员工数（人）	2	3	4
9	人均人工费（元）	9200	9200	9200
10	租赁费（元）	4500	5500	6500
11	利润（元）	357898	437697	517496
12				

图 4-6　纯文本输入的表格

	A–E	F	G	H	I
1					
2	销售计划				
3			方案1	方案2	方案3
4	销售额	元	390,000	480,000	570,000
5	单价	元	600	600	600
6	销售数量	个	650	800	950
7	费用	元	32,102	42,303	52,504
8	人工费	元	18,400	27,600	36,800
9	员工数	人	2	3	4
10	人均人工费	元	9,200	9,200	9,200
11	租赁费	元	4,500	5,500	6,500
12	利润	元	357,898	437,697	517,496
13					

图 4-7　应用规则后的表格

当表格的结构和内容确定后，再通过设置边框和背景颜色、隐藏网格线等处理，表格的易看性得到进一步提升，如图 4-8 所示。

	A–E	F	G	H	I
1					
2	销售计划				
3			方案1	方案2	方案3
4	销售额	元	390,000	480,000	570,000
5	单价	元	600	600	600
6	销售数量	个	650	800	950
7	费用	元	32,102	42,303	52,504
8	人工费	元	18,400	27,600	36,800
9	员工数	人	2	3	4
10	人均人工费	元	9,200	9,200	9,200
11	租赁费	元	4,500	5,500	6,500
12	利润	元	357,898	437,697	517,496

图 4-8　设置边框和背景颜色后的表格

3. 数据思维的应用

什么是数据思维？数据思维就是用数据的方式"记录"、"整理"、"分析"和"呈现"数据，即我们日常操作中所用到的"抓取数据"、"梳理数据"、"分析数据"和"驱动决策"。从 Excel 的角度，数据思维就是"表格搭建"、"数据处理"、"数据分析"和"数据呈现"这 4 个步骤。

"表格搭建"是数据思维的起点，一张表格只有架构完善，才不会出现后续数据应用的问题。很多时候数据处理的很多问题都源于表格设计不规范，数据的源头出了问题，所以"数据规范"就显得特别重要。如图 4-9 所示，对于"语文"这个字段(列名称)，它代表的学生的语文成绩，应该是"数值型"。而在表 1 中设置为"文本型"，这就是典型的数据格式不规范。在表 2 中，对于字段"语文""数学""英语"成绩用字段"科目"代替，为后期数据管理提供了更宽的操作空间，所以在数据思维中"科目"字段的设置更合理。还有更多的规则，需要在后续学习过程中持续学习和积累。

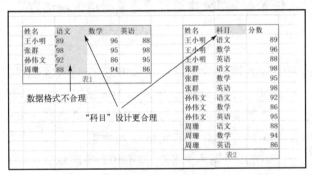

图 4-9　数据规范示例

4.1.3　基础操作索引

1. 单元格的选定

工作表都要建立在对单元格和单元格区域操作的基础之上，所以对工作表的各种操作，必须以选定单元格或单元格区域为前提。

1)选定单个单元格

单元格的选定可以用鼠标、键盘上的方向键(表 4-1 列出了在工作表中进行移动的常用键)；还可使用名称框，在名称框中输入单元格地址(如 B5)来选定单个单元格。

表 4-1　在工作表中进行移动的常用键

按键	按键功能	按键	按键功能
PageUp	向上移动一屏	Ctrl+↑	向上跳过空白单元格到达上一个数据格
PageDown	向下移动一屏	Ctrl+↓	向下跳过空白单元格到达下一个数据格
Home	移动到当前行最左边的单元格	Ctrl+Home	移动到 A1 单元格
Ctrl+←	向左跳过空白单元格到达下一个数据格	Ctrl+End	移动到当前工作表的最后一个单元格
Ctrl+→	向右跳过空白单元格到达下一个数据格		

2）选定多个连续单元格

拖曳鼠标可以选定多个连续的单元格，或者单击要选区域的左上角，按住 Shift 键再单击右下角单元格。选定多个连续单元格的特殊操作方法如表 4-2 所示。

表 4-2　选定多个连续单元格的特殊操作方法

选择区域	方法
整行（列）	单击工作表相应的行（列）号
整个工作表	单击工作表左上角行列交叉的按钮
相邻的行或列	用鼠标拖曳行号或列号

3）选定多个不连续的单元格

在工作表中，用户可以选择第 1 个单元格区域，然后按 Ctrl 键，再用鼠标选择其他不连续单元格区域。

4）清除单元格选定

在工作表中，单击任意一个单元格即可清除单元格区域选定。

2. 数据的输入

用户可以在工作表中输入两种数据，即常量和公式，两者的区别在于单元格内容是否以等号（=）或加号（+）开头。下面介绍常量的输入方法，它既可以从键盘直接输入，也可以自动输入。通过设置"数据验证"还可以在输入时检查其正确性。

通常，用户可用以下 3 种方法来对单元格输入数据：

（1）选定单元格，直接在其中输入数据，按 Enter 键确认。

（2）选定单元格，在"编辑栏"中单击，并在其中输入数据，然后单击"输入"按钮或按 Enter 键。

（3）双击单元格，单元格内显示了插入点光标，移动插入点光标，在特定的位置输入数据。此方法主要用于修改操作。

若要在单元格中另起一行开始输入数据，则按 Alt+Enter 快捷键即可输入一个换行符。

4.2　案例分析——数据表的设计与制作

为了清晰地理解数据表的设计与制作所包含的关键要素，可以对数据表设计的流程进行细致思考，如图 4-10 所示。

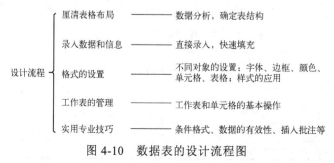

图 4-10　数据表的设计流程图

案例 4-1　表格数据的构建

正确录入数据信息是清晰易懂表格设计的第一步,因此下面通过具体案例来学习Excel 是如何完成信息的录入与管理的。具体设计步骤如下。

(1)创建文件名为"案例 4-1 学生管理系统"的工作簿,在表 Sheet1 中恰当的位置录入如下表结构:学生信息(学号、姓名、性别、出生日期、奖项)。

(2)在表 Sheet1 中录入如图 4-11 所示的数据信息。

(3)设置"性别"列的数据验证为:只能输入"男"或"女"。

(4)为"奖项"字段插入批注说明"只录入省、市三好学生"。

(5)修改表 Sheet1 的标签为"学生基础信息表"。

图 4-11　学生基础信息表

问题解析:

1)常量数据的录入

Excel 数据分为常量数据和变量数据。常量数据一般直接录入即可,其数据类型分为文本型、数值型、日期时间型和逻辑型。

(1)文本输入。文本数据包括汉字、字母、数字、空格和其他特殊字符的组合。对于电话号码、邮政编码等数字常作为字符处理,此时需要在数字之前加上一个英文单引号(如 '610066),Excel 就会把它作为文本型数据处理。

文本输入时在单元格中向左对齐。当输入的文本宽度超过单元格宽度时,若右边单元格内没有内容,则扩展到右列显示;否则,截断显示。

(2)数值输入。数值型数据除了 0~9 这 10 个数字外,还包括+、−、E、e、¥、%、$ 及小数点(.)和千分位(,)等特殊符号。数值型数据输入时向右对齐,当输入的长度超过单元格的宽度时,Excel 自动以科学计数法表示。特别地,要输入负数,在数字前加一个负号,或者将数字括在括号内输入,如"−10"和"(10)"都可以在单元格中得到−10。

另外,Excel 还支持分数的输入,如 23 4/5(23 又 5 分之 4),在整数和分数之间应有一个空格,当分数小于 1 时,要写成 0 4/5,不写 0 会被 Excel 自动识别为日期 4 月 5 日。字符"¥"和"$"放在数字前会被解释为货币单位,如¥14.8。

(3)日期时间输入。

①日期：输入日期时，用连字符"-"或斜杠"/"分隔日期的年、月、日。例如，输入 9/5/2002 或 5-Sep-2002。输入当天的日期按 Ctrl +；快捷键即可。

②时间：时间用"："分隔。Excel 默认 24 小时制计时，若采用 12 小时制，时间后要加上 AM 或 PM，如 18:20:15，6:20:15 PM。可按 Ctrl + Shift +；快捷键来输入当天当时的时间。特别地，表示时间时在 AM/PM 与分钟之间应有空格，如 6:20 PM，缺少空格则时间将被当作字符处理。

如果要使用默认的日期或时间格式，则单击包含日期或时间的单元格，然后按 Ctrl+Shift+#快捷键或 Ctrl+Shift+@快捷键即可。

（4）逻辑型输入。逻辑型数据包括表示"真"（TRUE）和"假"（FALSE），字母不区分大小写。

如图 4-12 所示为 4 种数据类型的输入示例。

2）设置数据验证

在 Excel 中，可以使用"数据验证"来控制单元格中输入数据的类型及范围。这样可以限制不能往参与运算的单元格中输入错误的数据，以避免运算时发生混乱。操作步骤如下：

（1）选定需要限制其有效数据范围的单元格。

（2）单击"数据"→"数据工具"→"数据验证"命令，打开"数据验证"对话框，并选择"设置"选项卡，如图 4-13 所示。

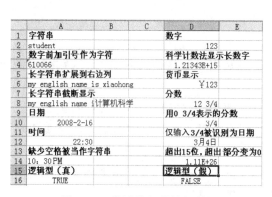

图 4-12　常量数据的输入示例

图 4-13　"数据验证"对话框

（3）在"允许"下拉列表框中选择允许输入的数据类型，如"整数""文本长度"等，如图 4-13 所示。在"数据"下拉列表框中单击所需的操作，根据选定的操作符指定数据的操作，如本案例设置"文本长度=1"。

如果希望有效数据单元格中允许出现空值，或者在设置上下限时使用的单元格引用或公式引用了基于初始值为空值的单元格，则勾选"忽略空值"复选框。

在输入数据之后，应查看工作表中输入的值是否有效。当 Excel 审核工作表有错误输入时，将单击"数据"→"数据验证"命令，设置的限制范围对工作表中的值进行判断，并标记所有无效数据的单元格。

具体方法如下：单击“数据工具→数据验证→圈释无效数据”按钮，即可在含有无效输入值的单元格上显示一个圆圈，如图 4-14 所示。当更正无效输入值之后，圆圈即消失。

A	B	C	D
	学号	姓名	性别
	2024080201	刘园	女
	2024080202	李梦	女
	2024080203	李欣彤	女
	2024080204	杨洋	男
	2024080205	朱子瑜	同名混淆
	2024080206	陈怡	女
	2024080207	刘鑫	男
	2024080208	曲天宇	男
	2024080209	李婷	女
	2024080210	王钰	男

图 4-14　圈释无效数据功能

3) 在单元格中插入批注

批注是附加在单元格中与单元格的其他内容分开的注释。批注是十分有用的提醒方式，如解释复杂的公式如何工作，或对某些数据进行说明等。

选择“审阅”→“新建批注”命令，在出现的批注框中输入批注内容即可完成在单元格中插入批注。插入后该单元格的右上角会出现一个红色的三角形。如果将光标移到该单元格，批注的内容将被显示出来，如图 4-11 所示。

日常工作中，我们处理的数据量是非常大的，因此“数据验证”“新建批注”等功能都能够帮助我们高效、准确地录入数据。

案例 4-2　数据的自动填充

利用数据填充功能，可以完成有规律数据的录入，如图 4-15 所示。

	A	B	C	D	E
1	纯文本填充相当于复制				
2	abc	abc	abc	abc	abc
3	纯数值填充相当于复制				
4	123	123	123	123	123
5	纯数值填充按Ctrl键变为递增填充				
6	123	124	125	126	127
7	文本数字混合填充数字递增文本复制				
8	a1	a2	a3	a4	a5
9	1a	2a	3a	4a	5a
10	按预设序列填充				
11	一月	二月	三月	四月	五月
12	原始文本A1,A3等差自动填充				
13	A1	A3	A5	A7	A9
14	原始数据1，3等差填充				
15	1	3	5	7	9
16	原始数据1，5按Ctrl键变为复制				
17	1	5	1	5	1

图 4-15　数据自动录入

问题解析：

对一些有规律的数据 Excel 可以在指定的区域进行自动填充。指定的区域必须是连续的单元格，用单元格的左上角和右下角表示(如 A3:B6 表示左上起于 A3、右下止于 B6 的 8 个单元格)。填充可以分为以下几种情况。

1) 自动填充

自动填充是根据初始值决定以后的填充项。单击初始值所在单元格的右下角，鼠标指针变为实心“十”字形。按住鼠标左键拖动至要填充的最后一个单元格，即可完成。自动填充可以实现以下几种功能：

(1) 初始值为纯文本或数值，填充相当于数据的复制。

(2) 初始值为文本和数字的混合体，填充时文本不变，数值部分递增。例如，初始值为 B3，则填充的值为 B4、B5、B6 等。

(3) 初始值为预设的自动填充序列中的一员，则按预设序列填充。例如，初始值为星期一，则填充值为星期二、星期三、星期四等。

除了使用 Excel 中预设的序列外，用户还可以选择“文件”→“选项”命令，在出现的“Excel 选项”对话框的“高级”选项的“常规”组中单击“编辑自定义列表”按钮，然后在“自定义序列”框中勾选“新序列”复选框，根据自己的需要添加自定义的序列供以后使用，如图 4-16 所示。

（4）如果连续的单元格存在等差关系，如 1, 3, 5, …，或 A1, A3, A5, …，则选择该等差区域，填充时按照数字序列的步长值填充。

2）序列填充

可以选择"开始"→"编辑"→"序列"命令，打开如图 4-17 所示的"序列"对话框。在"序列"对话框中，可以完成更多、更丰富的序列填充。

图 4-16　添加自定义序列

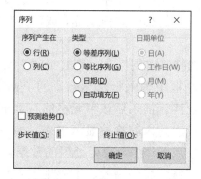

图 4-17　"序列"对话框

案例 4-3　数据的编辑

打开工作簿中的"案例 4-3 学生基础信息表"，在表 Sheet1 中做如下操作。

（1）在当前表中插入"入学总分"列，然后录入总分数，如图 4-18 所示。

（2）重新设置"出生日期"列的数据格式，如图 4-18 所示。

（3）查找学生姓名为"朱子瑜"的学生，并将其性别修改为"男"。

（4）修改"奖项"数据信息，将省、市三好学生信息修改为"TRUE"。

（5）将标签为"学生基础信息表（2）"的工作表移出当前工作簿，将新的工作簿命名为"修改后的学生基础信息"。

图 4-18　数据编辑

问题解析：

1）单元格的修改

创建表格时难免会出现遗漏，有时遗漏的数据可能是一个单元格、一行或一列，这时可以通过 Excel 的"插入"操作来弥补。在"开始"→"单元格"组中，可以完成单元格、行、列、工作表的"插入"、"删除"和"格式"等修改功能操作，如图 4-19 所示。

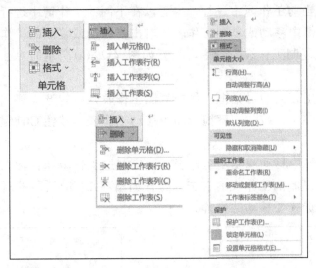

图 4-19　"单元格"组的修改功能

2）数据的"定位"、"查找"与"替换"

如果需要在工作表中快速移动到任意一个单元格或快速查看工作表设计，可以使用 Excel 提供的"定位"功能。Excel 的"查找"功能可以帮助用户快速找到特定的数据，"替换"功能可以成批地用新数据替换原数据，从而减少数据校对时的工作量。

选择"开始"→"编辑"→"查找和替换"命令，在打开"查找和替换"对话框中选择对应的功能，如图 4-20 所示。

"定位"对话框的主要作用就是移动到指定单元格。在大的工作表中，它比使用滚动条来寻找某一单元格更方便、快捷。同时，也可以单击"定位条件"按钮来自动选定某一单元格。"定位条件"对话框如图 4-21 所示。

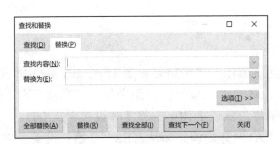

图 4-20　"查找和替换"对话框　　　　　图 4-21　"定位条件"对话框

3）工作表的移动或复制

在实际应用中，为了更好地共享和组织数据，常常需要复制或移动工作表。对于复制移动，既可以在当前工作簿中进行，也可以在不同的工作簿中进行。

在同一个工作簿中移动或复制工作表，右击要移动或复制的工作表名称，从快捷菜单中选择"移动或复制工作表"命令，打开如图 4-22（a）所示的对话框，选择要移动或者复制的位置。

移动与复制共用相同的对话框，如果复制工作表则应勾选"建立副本"复选框。将光标置于工作表标签上，按住左键拖曳即可移动工作表；按住 Ctrl 键，再按住左键拖曳即可复制工作表。

在不同的工作簿中移动或复制工作表，则应把原工作簿和目标工作簿同时打开，在选择要进行移动或复制的工作表后右击，打开如图 4-22（b）所示的对话框，单击"工作簿"下拉列表框，选择要移动的位置。

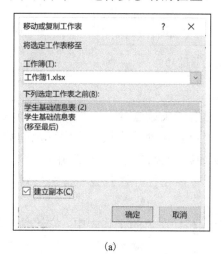

（a）　　　　　　　　　　　　　　　　（b）

图 4-22　"移动或复制工作表"对话框

4）"N/A"的应用

Excel 中"N/A"是"无该内容"或"不能使用"的意思，多用在填写表格的时候，表示"本栏目（对我）不适用"。在没有东西可填写但单元格也不允许留空的时候，就要写"N/A"。如图 4-18 所示，表格中"朱子瑜"是体育保送生，所以不需要参加高考，也就没有入学总分，填入"N/A"即可。

案例 4-4　表格的格式设置

打开工作簿"案例 4-4 销售管理"，创建工作表"销售记录表 1"，如图 4-23 所示。

（1）创建新的工作表"销售记录表 2"，选择"文件"→"选项"→"常规"命令，打开"Excel 选项"对话框，在"使用此字体为默认字体"中将字体设置为 Arial。

（2）调整"销售记录表 1"，将表格从"A1"开始调整为从"B2"开始；设置表格行高为 18；空白列宽设置为 3，留白行的行高设置为"和其他行同样的高度"。

（3）选择文字单元格区域，设置其对齐方式为"左对齐"；选择"方案 1""方案 2""方案 3"列，设置其对齐方式为"右对齐"。

（4）为数值信息"方案 1""方案 2""方案 3"列设置"千位分隔符"，列宽设置为 10。

（5）利用"缩进"，让详细内容与综合统计内容分层显示，体现数据的层次结构，如图 4-24 所示。

图 4-23　销售记录表 1

图 4-24　销售记录表 2

（6）复制"销售记录表 2"，修改其名为"销售记录表 3"。选择表区域，根据"上下为粗，中线为细，不要纵线"的原则，为表区域设置边框。

（7）将纯文本输入数字的颜色设置为"蓝色"，将计算所得数字的颜色为"黑色""加粗"。需要强调的单元格设置为"淡蓝色"；隐藏表格的"网格线"。执行效果如图 4-25 所示。

（8）复制"销售记录表 3"，修改其名为"销售记录表 4"。选择数据区域，在"开始"选项卡中的"格式"→"套用表格样式"中选择"浅蓝，表样式浅色 16"，整体运用样式。效果如图 4-26 所示。

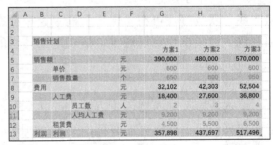

图 4-25　销售记录表 3

图 4-26　销售记录表 4

问题解析：

"开始"选项卡提供了丰富的格式设置，同时 Excel 也提供了功能强大的"设置单元格格式"对话框，对选定的单元格进行更加完善的格式设置，如图 4-27 所示。

1）设置数字格式

"设置单元格格式"对话框中的"数字"选项卡用于对单元格中的数字进行格式化。对话框左侧的"分类"列表框中列出了数字格式的类型，右侧则显示该类型的格式。用户既可以直接选择系统已经定义好的格式，也可以自行修改格式。

"自定义"格式类型提供了自定义所需要的格式，实际上它直接以格式字符形式供用户使用和编辑。数值格式包括用整数、定点小数和逗号等显示格式。"0"表示以整数的方式显示；"0.00"表示以两位小数方式显示；"#,##0.00"表示小数部分保留两位有效数字，整数部分每千位用逗号隔开；"[红色]"表示当数据为负时，用红色显示。

2）设置边框线

在默认的情况下，Excel 中的表格线都是一样的淡虚线，但这样的边线不适合突出重点数据。可以单击"设置单元格格式"对话框中的"边框"选项卡，选择其他类型的边框线，如图 4-28 所示。

图 4-27 "设置单元格格式"对话框

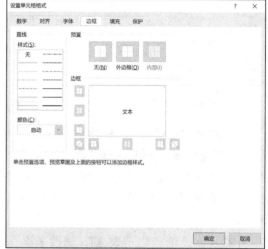

图 4-28 "边框"选项卡

边框线用于所选区域的上、下、左、右、斜线和外框；边框线的样式有虚线、实线、粗实线、双线等，可在"样式"框中选择；在"颜色"下拉列表框中可为不同的边框添加颜色。边线框也可以通过"格式"工具栏的"边框"按钮直接设置，这个列表中含有12 种不同的边框线。

3）设置填充

填充是指区域的颜色或阴影。可以在"设置单元格格式"对话框中的"填充"选项卡中选择，让工作表更加醒目、美观。如图 4-29 所示，其中"背景色"用于设置单元格的背景颜色；"图案颜色"共 7 行，列出了用于绘制图案的颜色；"图案样式"有 3 行，共列出了 18 种图案，用于设置单元格的图案和图案的颜色。

利用"设置单元格格式"对话框的"填充"选项卡，可以设置前景颜色；利用"填充"选项卡可以设置背景颜色。

4）条件格式

实际应用中，用户可以在指定的单元格范围内，为满足指定条件的单元格设置特定的格式，使其区别于其他的单元格，如图 4-30 所示。

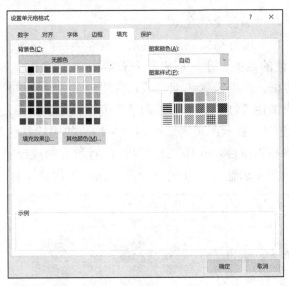

图 4-29　"填充"选项卡

 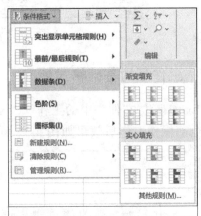

图 4-30　设置"条件格式"

4.3　实践与应用

实践 4-1　数据的录入及其格式处理

打开 Excel 素材文件夹中的工作簿"实践 4-1 学生信息表",选择表 Sheet1,完成下面的操作。全部操作完毕后效果如图 4-31 所示,使用存储命令保存并退出。

操作要求如下。

(1)将工作表 Sheet1 命名为"学生基本信息表",然后在本文件中将该表复制一份,以"学生基本信息表备份"命名。

(2)在"学生基本信息表"的最前面插入空行,将数据区域 A1:G1 合并为一个单元格,然后居中对齐,在单元格中录入文本"学生信息",填充颜色为"绿色 个性色 6 淡色 80%”，20 磅，黑体，“绿色个性色 6”。

(3)对“学生信息表”进行格式调整，将第 1 列“学号”设置为文本，将所有的成绩列设置为保留一位小数的数值，水平居中，垂直居中。

(4)为表格加上边框，外框为绿色双实线，内线为蓝、绿色单虚线；将第 1 行行高设置为 20 磅；将语文成绩用“红色、实心数据条”表示；数学成绩用“三色旗”表示；政治成绩用“绿-黄-红色阶”表示；英语成绩高于平均分的用浅红色填充。

(5)为 C3 单元格插入批注“全国三好学生”；对所有的成绩单元格进行限制：只能输入 0～100 的数据，并要求输入 120 进行验证。保存工作簿文件。

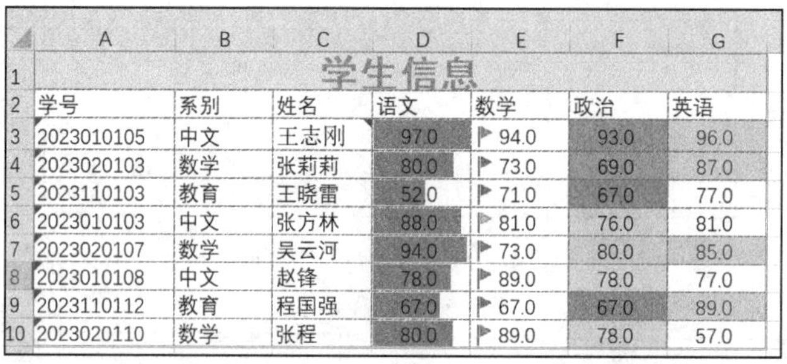

	A	B	C	D	E	F	G
1	学生信息						
2	学号	系别	姓名	语文	数学	政治	英语
3	2023010105	中文	王志刚	97.0	94.0	93.0	96.0
4	2023020103	数学	张莉莉	80.0	73.0	69.0	87.0
5	2023110103	教育	王晓雷	52.0	71.0	67.0	77.0
6	2023010103	中文	张方林	88.0	81.0	76.0	81.0
7	2023020107	数学	吴云河	94.0	73.0	80.0	85.0
8	2023010108	中文	赵锋	78.0	89.0	78.0	77.0
9	2023110112	教育	程国强	67.0	67.0	67.0	89.0
10	2023020110	数学	张程	80.0	89.0	78.0	57.0

图 4-31　“实践 4-1”效果图

实践 4-2　工作表的基础格式处理

打开 Excel 素材文件夹中的工作簿“实践 4-2 成绩统计表”，选择表 Sheet1，完成下面操作。全部操作完毕后效果如图 4-32 所示，使用存储命令保存并退出。

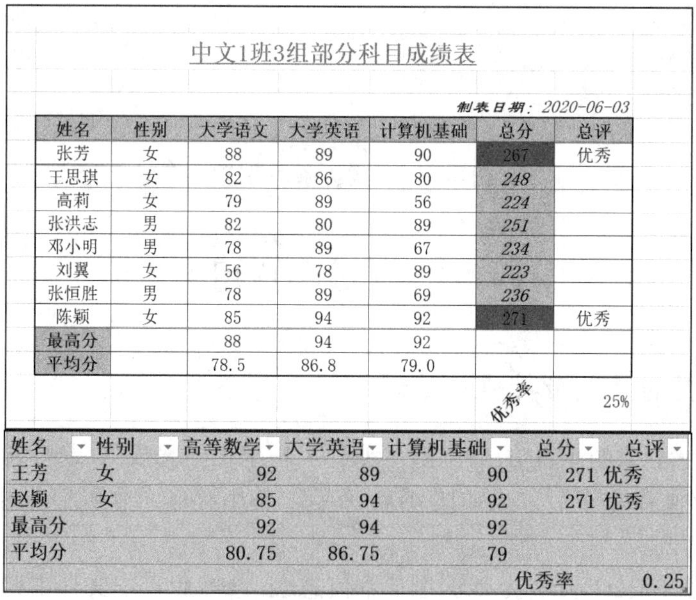

中文1班3组部分科目成绩表

制表日期：2020-06-03

姓名	性别	大学语文	大学英语	计算机基础	总分	总评
张芳	女	88	89	90	267	优秀
王思琪	女	82	86	80	248	
高莉	女	79	89	56	224	
张洪志	男	82	80	89	251	
邓小明	男	78	89	67	234	
刘翼	女	56	78	89	223	
张恒胜	男	78	89	69	236	
陈颖	女	85	94	92	271	优秀
最高分		88	94	92		
平均分		78.5	86.8	79.0		
					优秀率	25%

姓名	性别	高等数学	大学英语	计算机基础	总分	总评
王芳	女	92	89	90	271	优秀
赵颖	女	85	94	92	271	优秀
最高分		92	94	92		
平均分		80.75	86.75	79		
					优秀率	0.25

图 4-32　“实践 4-2”效果图

操作要求：

(1)表格标题与表格数据中间空一行，然后将表格标题设置为“蓝色 个性色 1”，加粗，楷体，16 磅，加下划线，合并且居中对齐。

(2)将制表日期数据合并后右对齐，设置为隶书，斜体；将表格各列标题设为粗体，居中；再将表格中其他内容居中，平均分保留 1 位小数；使"优秀率"这行与上面的数据空一行，然后将"优秀率"3 个字设为 45 度方向，其值用百分比样式表示，并居中。

(3)给数据区域 D9:J19 添加边框，外框为最粗的单线，内线为最细的单线，选择区域 D9:J17，设置区域上下框线为双线，深红色；设置单元格的填充色，将各列标题、"最高分"、"平均分"设置为"橙色个性色 2 淡色 40%"。

(4)对学生的总分设置条件格式：总分>265，用深红色填充；240<=总分<=265，采用"蓝色 个性色 1　淡色 60%"，加粗斜体；将高等数学、大学英语及计算机基础各列宽度设置为"自动调整列宽"；将表格标题的行高设置为 25 磅，并将行的文字垂直居中对齐。

(5)将工作表中的表格 2 自动套用"表样式 浅色 10"样式，然后将该表格的填充色改为"金色个性色 4　淡色 60%"，字体设置为黑色，加粗。

实践 4-3　工作表的编辑与套用格式

打开 Excel 素材文件夹中的工作簿"实践 4-3 超市进货信息表"，选择表 Sheet1，完成下面操作。全部操作完毕后效果如图 4-33 所示，使用存储命令保存并退出。

操作要求：

(1)在数据前插入空行，并录入表格信息"五月进货记录"，然后将表格标题设置为"绿色个性色 6"，加粗，楷体，16 磅，合并且居中对齐。

(2)用填充的方式填充"编号""进货日期""入库时间"列的数据信息，其中进货日期为同一天，"入库时间"每类商品需要 20 分钟。

(3)将"是否入库"列中的值"是"替换为"TRUE"，"否"替换为"FALSE"。

(4)为作业本单元格的单价设置规则为"进价在 3～5 元之间"，不符合的商品价格给出提示信息"选择 3～5 元之间的商品"。

(5)为"钢笔"单元格插入批注"选择适合小学生使用的钢笔"；为"单价(元)"列标识"蓝色数据条"，为"数量"列标识"红-白-绿"色阶，为"总金额(元)"列标识"5等级"。

(6)选择数据区域 A2:H17，套用表样式"绿色 表样式浅色 7"，表包含标题，隐藏筛选按钮，选择设置"第一列"复选框；为编号列插入"切片器"。

图 4-33　"实践 4-3"效果图

实践 4-4 综合应用

打开 Excel 素材文件夹中的工作簿"实践 4-4 学生成绩表",选择表 Sheet1,完成下面操作。全部操作完毕后效果如图 4-34 所示,使用存储命令保存并退出。

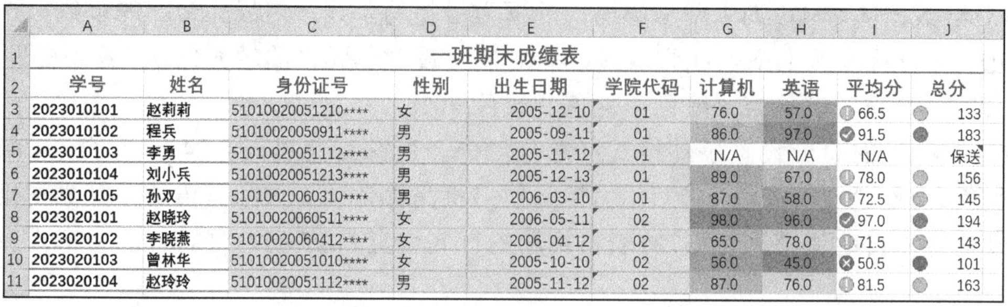

学号	姓名	身份证号	性别	出生日期	学院代码	计算机	英语	平均分	总分
				一班期末成绩表					
2023010101	赵莉莉	51010020051210****	女	2005-12-10	01	76.0	57.0	◐66.5	133
2023010102	程兵	51010020050911****	男	2005-09-11	01	86.0	97.0	◕91.5	183
2023010103	李勇	51010020051112****	男	2005-11-12	01	N/A	N/A	N/A	保送
2023010104	刘小兵	51010020051213****	男	2005-12-13	01	89.0	67.0	◑78.0	156
2023010105	孙双	51010020060310****	男	2006-03-10	01	87.0	58.0	◐72.5	145
2023020101	赵晓玲	51010020060511****	女	2006-05-11	02	98.0	96.0	◕97.0	194
2023020102	李晓燕	51010020060412****	女	2006-04-12	02	65.0	78.0	◐71.5	143
2023020103	曾林华	51010020051010****	女	2005-10-10	02	56.0	45.0	✖50.5	101
2023020104	赵玲玲	51010020051112****	男	2005-11-12	02	87.0	76.0	◑81.5	163

图 4-34 "实践 4-4"效果图

操作要求:

(1)在数据前插入空行,并录入表格标题信息"一班期末成绩表",然后将表格标题设置为黑色,加粗,黑体,16 磅,合并且居中对齐。

(2)设置"学号"列的数据类型为文本型,"出生日期"列的数据格式为短横线连接,"计算机""英语""平均分"列格式为保留两位小数,水平居中。

(3)修改"身份证号"列,设置其后 4 位为"*";将"学院"列名称修改为"学院代码",并将其数据列中的"文学院"替换为文本"01","法学院"替换为文本"02",代码居中对齐。

(4)选择列标题区域 A2:J2,设置其字体为华文中宋,字号为 13 磅,加粗,居中对齐。

(5)为"总分"列添加"三色交通灯"图标,"计算机"与"英语"列添加"绿-黄-红色阶","平均分"列添加"三个符号(有圆圈)"标记。

(6)为 A1 单元格套用单元格样式"标题 1",设置其行高为 23 磅;选择所有列标题,套用单元格样式"标题 2",设置其行高为 23 磅。

(7)选择数据区域 C3:F11,套用单元格样式"浅蓝 25%着色 5",为数据区域设置蓝色,双线内外框。

(8)为李勇的"总分"单元格添加批注,说明"保送学生不参加国家统一考试",将其考试成绩和平均分设置为"N/A"。

第 5 章 数 据 计 算

Excel 是一种常用的数据分析工具，可以对收集的数据进行处理、整理、分析和可视化展示，从而发现数据中的规律和趋势，为决策提供支持。数据计算是 Excel 中的重要功能之一，Excel 提供了公式和函数两种方式，具有强大的计算功能。此外，Excel 的打印功能能够根据用户的需求实现工作表的多种形式的打印。这些使得 Excel 成为当今最流行的个人计算机数据处理软件。

这一章以 Excel 软件为基础，以"掌握数据分析函数"为主题，主要介绍公式和函数的使用方法，同时介绍打印技巧，帮助大家正确、高效地完成 Excel 的相关数据计算，进一步提升学习和工作效率。

5.1 知识索引——如何进行数据计算

数据计算可使用两种方式：公式和函数。公式是通过单元格中的一系列值、单元格引用、名称和运算符合得到计算结果。函数是通过 Excel 预定义的内置公式得到计算结果。公式是函数的基础，函数是 Excel 提供的固定公式。函数可以是公式的一部分，但公式里不一定包含函数。

5.1.1 公式介绍

在 Excel 中，公式是以输入"="开始的。公式可以包含函数、单元格引用、运算符和常量，利用这些组件，可以编写出复杂的公式，用于执行各种计算和数据处理任务。本节重点介绍单元格引用、各类运算符和公式的复制。

1. 单元格引用

在 Excel 中，单元格引用有 3 种类型：相对引用、绝对引用和混合引用。

(1)相对引用：相对引用是指公式中所引用的单元格随着公式在工作表中位置的变化而变化，这是系统默认的引用方式。如果多行或多列地复制公式，引用会自动调整。

(2)绝对引用：绝对引用是指公式引用的单元格不随公式在工作表中位置的变化而变化。在进行绝对引用时，需在单元格地址的行号和列号前都加上"$"符号。

(3)混合引用：混合引用是指在单元格地址的行号或列号二者之一前加上"$"符号，如$A1、B$8。当公式在工作表中的位置发生改变时，单元格的相对地址部分(没有加"$"符号的部分)会随之改变，而绝对地址部分(加"$"符号的部分)则不变。

在进行单元格引用时，可使用 F4 键进行 3 种引用间的转换，其转换的规律举例如下：
$$A1 \rightarrow \$A\$1 \rightarrow A\$1 \rightarrow \$A1 \rightarrow A1$$

2. 运算符

Excel 中的运算符分为 4 种：算术运算符、文本运算符、比较运算符和引用运算符。

1）算术运算符

算术运算符主要用于数值计算，包括加、减、乘、除、乘方等，如表 5-1 所示。

表 5-1　算术运算符

算术运算符	含义	举例	算术运算符	含义	举例
+	加法运算	=B2+B3	/	除法运算	=D6/20
-	减法运算	=20-B6	%	百分号	=5%
*	乘法运算	=D3*D4	^	乘方运算	=6^2

2）文本运算符

文本运算符主要用于文本与文本、文本与单元格内容、单元格与单元格内容的连接运算，如表 5-2 所示。

表 5-2　文本运算符

文本运算符	含义	举例
&	文本连接运算	=B2&B3&B4
		="总计为："&G6

3）比较运算符

比较运算符可以完成两个运算对象的比较，并产生逻辑值 TRUE(真)或 FALSE(假)，如表 5-3 所示。

表 5-3　比较运算符

比较运算符	含义	举例	比较运算符	含义	举例
=	等于	=B2=B3	<>	不等于	=B2<>B3
<	小于	=B2<B3	<=	小于等于	=B2<=B3
>	大于	=B3>B2	>=	大于等于	=B2>=B3

4）引用运算符

引用运算符需要与单元格引用一起使用，不同的引用运算符确定了单元格引用的不同范围，如表 5-4 所示。

表 5-4　引用运算符

引用运算符	含义	举例
:	区域运算符(引用区域内全部单元格)	=sum(B2:B8)
,	联合运算符(引用多个区域内的全部单元格)	=sum(B2:B5,D2:D5)
空格	交叉运算符(只引用交叉区域内的单元格)	=sum(B2:D3 C1:C5)

4 种运算符的优先级

引用运算符>算术运算符>文本运算符>比较运算符

公式遵循一个特定的语法或次序：最前面是等号"＝"或"＋"，后面是参与运算的数据对象和运算符。

3. 公式的复制

在复制公式时，有 3 种方法可以选择：直接复制粘贴，拖动填充柄复制，使用选择性粘贴。复制后一定要检查公式是否发生了不期望发生的变化，最常见的比如某个数据区域通过复制后发生了变化，需要通过切换区域的引用方式来调整。

5.1.2 函数介绍

函数是为了方便用户数据运算而预定义的公式。系统提前将实用而复杂的公式预置到系统中，形成函数，用户可以从系统中调出需要的函数，按照规定的格式加以使用。Excel 为用户提供了 11 种类别，400 多个函数。

1. 函数的语法

函数是由函数名和参数组成，函数引用的格式如下：

函数名(参数 1，参数 2，参数 3，…)

其中，函数名可以大写，也可以小写，参数可以是常量、单元格引用、区域、区域名、公式或其他函数，参数之间用逗号分隔。其中各种符号均在英文状态输入。

例如：SUM(A1:A10,B1,100)，在这个函数中，参数既有区域、单元格引用，还有常数。

2. 函数的学习注意事项

函数因为函数名和参数的不同，每个函数的含义和返回结果是不同的。所以对于函数的学习，需要注意以下几个方面。

(1)理解函数的基础知识：在开始学习具体的函数之前，需要了解函数的基本概念和语法。这包括函数的定义、参数类型和返回值等。

(2)熟悉函数的文本格式：在输入公式时，需要注意括号、逗号、引号等符号一定是英文半角模式下的符号，否则可能会导致函数无法正常运行或者返回错误的结果。

(3)理解函数的逻辑关系：在使用函数进行数据计算时，需要先梳理好其中的逻辑关系。这有助于更好地理解函数的用途和输出结果，并避免在编写函数时出现错误。

(4)反复实践和练习：学习 Excel 函数最好的方法是反复实践和练习。可以找一些实际的数据和问题，尝试自己编写公式并解决这些问题。通过不断地尝试和修正错误，可以更快地掌握函数的使用方法和技巧。

(5)参考帮助文档：我们不可能记住所有函数，Excel 的帮助文档是一个很好的学习资源，可以从中找到关于函数的详细说明和使用方法。在遇到问题时，可以查阅帮助文档，找到解决方案或者了解关于函数的更多信息。

5.1.3　基础操作索引

1. 公式和函数的输入

方法 1：插入函数法。这种方法适合于对函数不熟悉的初学者使用，仍然不清楚的问题可以参照函数的帮助文档。

以输入“= COUNTIF（D2:D21,"=本科"）”为例。

(1) 选择存放计算结果的单元格。

(2) 单击编辑栏左侧的“fx”按钮。

(3) 在“插入函数”对话框中，选择类别为“统计”，并在“选择函数”列表中选择“COUNTIF”。

(4) 在 COUNTIF“函数参数”对话框中，将第 1 个参数 Range 设置为要计算非空白单元格数目的区域“D2:D21”，将第 2 个参数 Criteria 设置为计数单元格必须符合的条件“=本科”，如图 5-1 所示。

(5) 单击“确定”按钮完成计算。

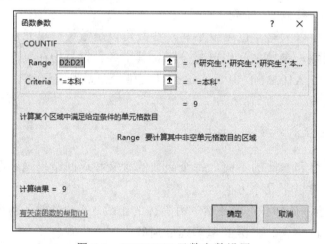

图 5-1　COUNTIF 函数参数设置

方法 2：手工输入法。这种方法适合于对熟悉函数的人使用。

以输入“=COUNTIF(D2:D21,"=本科")+5”为例。

(1) 选择存放计算结果的单元格。

(2) 在单元格中输入“=c”，在下拉列表中双击选择 COUNTIF 即可（注意：函数不区分大小写），然后在编辑栏继续输入公式的剩余部分。这种方法可以大大提高输入的速度，特别是存在函数的嵌套时，使用公式记忆式输入能够轻松完成输入。

(3) 公式输入结束后，按 Enter 键进行计算。

2. 公式和函数的复制

在复制公式和函数时，有以下几种方法可以选择。

方法 1：直接复制粘贴。

(1)选择包含公式或函数的单元格或者区域，右击选择"复制"选项。

(2)选择需要粘贴的区域或者区域中的第 1 个单元格，右击选择"粘贴"选项。

方法 2：拖动复制公式。

选择要复制公式的单元格或区域，将光标移动到单元格区域的右下角，当光标变成"＋"形状时，按下鼠标左键并拖动到指定位置，即可自动粘贴并应用公式。

方法 3：使用选择性粘贴。

(1)选择存放公式的单元格，单击 Excel 工具栏中的"复制"按钮。

(2)选择需要使用该公式的所有单元格，在选择区域内右击，选择快捷菜单中的"选择性粘贴"命令。

(3)打开"选择性粘贴"对话框后选择"粘贴"→"公式"，单击"确定"按钮，公式就被复制到已选择的所有单元格中。

3. 删除公式

删除公式时，也会删除该公式的结果。如果不想删除值，可以改为仅删除公式。

(1)删除公式的方法：选择包含公式的单元格或单元格区域，按 Delete 键。

(2)删除公式但保留结果：复制公式，然后选择"选择性粘贴"→"粘贴值"，粘贴到同一单元格中。

具体操作：

①选择包含公式的单元格或单元格区域，如果公式是数组公式，则必须先选择包含数组公式的单元格区域的所有单元格。

②单击右键，选择"复制"，或者按 Ctrl+C 快捷键；再次单击右键，选择"选择性粘贴"→"数值"即可。

4. 函数帮助的使用

下面以使用频率高且易错的 VLOOKUP 函数为例。

(1)打开"职工信息处理"工作簿文件，选择 D2 单元格，输入公式"=vlookup()"，光标停留在括号中间，此时下方出现 VLOOKUP 函数和参数信息，如图 5-2 所示。

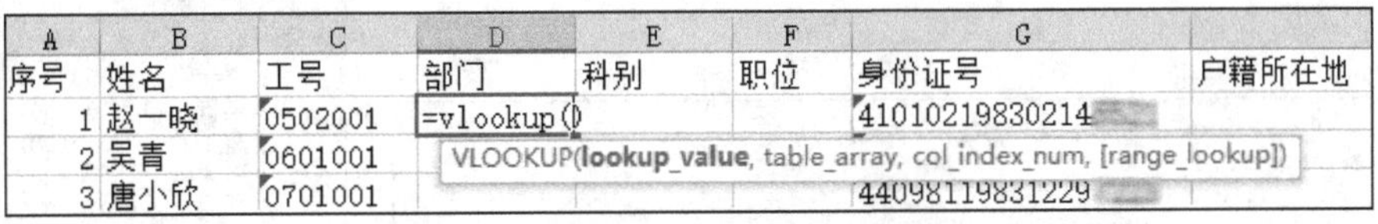

图 5-2　VLOOKUP 函数和参数信息

(2)单击下方出现的 VLOOKUP 函数名，此时弹出该函数的帮助信息，如图 5-3 所示。

(3)在帮助信息中，不仅有文字描述，还有视频案例，根据这两处帮助就可以轻松补齐 VLOOKUP 函数后面的参数信息。

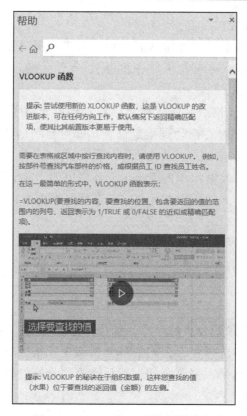

图 5-3　VLOOKUP 函数帮助信息

根据题目要求，工号的前 4 位是部门编号，所以需要提取前 4 位，应使用文本函数 left()。于是第 1 个参数要查找的内容就是 left(C2,4)；第 2 个参数查找位置，在第 2 个工作表中查找，所以选择第 2 个工作表的数据区域；第 3 个参数是返回值的列号，要返回部门信息，是数据范围的第 2 列，所以第 3 个参数是 2，这个是针对选定的数据范围；第 4 个参数可以精确匹配，也可以是近似匹配，这里是精确匹配，选择 FALSE。公式如图 5-4 所示。

（4）按 Enter 键确认后，在 D2 单元格中出现了函数返回结果。接下来复制公式，用拖动方式，结果出现了异常，如图 5-5 所示。

A	B	C	D
序号	姓名	工号	部门
1	赵一晓	0502001	物料部
2	吴青	0601001	开发部
3	唐小欣	0701001	制造部
4	韦大帅	0703002	制造部
5	严明	0101002	#N/A
6	魏雨琪	0101003	#N/A
7	李小龙	0202003	#N/A
8	张志	0203004	#N/A

X ✓ fx　=vlookup(left(c2,4),数据信息!A1:D20,2,FALSE)

C				H
	VLOOKUP(lookup_value, table_array, col_index_num, [range_lookup])			
工号	部门	科别	职位	身份证号	户籍所在地
0502001	=vlookup(left(c2,4),数据信息!A1:D20,2,FALSE)			
0601001			36042819820701	

图 5-4　分析 VLOOKUP 函数帮助信息,补充参数　　　　图 5-5　公式经过复制出现异常

同时查验其他看似显示正常的数据，发现也有问题，比如 D3 和 D4 单元格，工号前 4 位部门编号不同，但显示均为"制造部"。出现这种情况，应查验第 1 个复制的公式，也就是将 D3 单元格中的公式和 D2 中的对比，看看出现了什么异常。

单击 D3 单元格，在编辑栏上出现公式，如图 5-6 所示。对比图 5-2，发现前两个参数发生了变化。经过分析发现，第 1 个参数的变化是正常的，就是选择第 2 个员工的工号前 4 位。问题出现在第 2 个参数，数据信息表数据范围发生了变化，这个是不应该改变的，所以需要对第 2 参数中的数据区域进行绝对引用。修改 D2 单元格中的公式后，再次填充便得到正确的结果，如图 5-7 所示。

f_x	=VLOOKUP(LEFT(C3,4),数据信息!A2:D21,2,FALSE)

D	E	F	G
部门	科别	职位	身份证号
物料部			41010219830214▇
开发部			36042819820701▇

图 5-6 D3 单元格中函数信息

$\times$ ✓ f_x	=VLOOKUP(LEFT(C2,4),数据信息!$A$1:$D$20,2,FALSE)

C	D	E	F	G
工号	部门	科别	职位	身份证号
0502001	物料部			41010219830214▇
0601001	开发部			36042819820701▇
0701001	制造部			44098119831229▇
0703002	制造部			51130019820518▇
0101002	财务部			42092119881016▇

图 5-7 修改后的结果

(5)对该工作表的科别、职位等信息的输入可以复制该公式，修改第 3 个参数。

5.2 案例分析——公式和函数的使用

案例 5-1 使用 FREQUENCY 函数进行频率统计(不同版本的处理)

打开"案例 5-1 素材.xlsx"工作簿，在 Sheet1 表中完成以下要求。

(1)复制工作表，将二者分别重命名为"frequency 函数 1"和"frequency 函数 2"。

(2)要使用频率分布函数 FREQUENCY 统计小于 25 岁、25 到 30 之间、大于 30 岁的员工人数，首先在分段点列填写分段点。

(3)统计员工信息表年龄列中员工的年龄分布情况，在"frequency 函数 1"工作表中，用 Excel 2016 及之前版本的处理方式。

(4)统计员工信息表年龄列中员工的年龄分布情况，在"frequency 函数 2"工作表中用 Excel 2019 之后版本的处理方式。

(5)保存。

问题解析：

(1)该函数返回结果数量与分段有关系。根据题目要求年龄分为 3 段，小于 25，25 到 30 之间，大于 30。要使用该函数，需要在工作表中先把分段点列出，3 段有两个分段点，分别是 25 和 30。

(2)该函数根据 Excel 软件版本不同，有不同的处理方式。此处分两种情况。

①用 Excel 2016 及之前版本，处理相对复杂。

首先选择 3 个单元格（由于分 3 段，有 3 个统计数据），接着单击"fx"按钮，找到该函数，进入"函数参数"对话框并完成设置，如图 5-8 所示。数据区域选择年龄列的数据部分，分段点区域是第 2 个参数，最后是按 Ctrl+Shift+Enter 快捷键进行确认，结果如图 5-9 所示。

图 5-8　frequency()函数参数设置

②在 Excel 2019 版本后，和普通函数一样处理。

选择存放结果的第 1 个单元格，单击"fx"按钮，找到该函数，进入"函数参数"对话框并完成设置，如图 5-8 所示。设置完毕，直接单击"确定"按钮，结果如图 5-10 所示。

图 5-9　第 1 种确认方式最后结果及编辑栏中的函数内容

图 5-10　第 2 种确认方式最后结果及编辑栏中的函数内容

说明：

（1）本案例之所以采用两种处理方式，是因为目前多个版本都在使用。

（2）本案例针对返回值不唯一的函数，不同版本的处理方式略有差异：第 1 种方式最后的结果是数组，删除时也需要选择 3 个一起删除，而无法仅删除其中一个；第 2 种方式作为普通函数处理，只需要选择第 1 个单元格，按 Delete 键即可删除 3 个结果。总之，初始选择几个单元格，最终删除时也一样处理。

（3）对比图 5-9 和图 5-10，第 1 种方式结果以数组的方式展示，第 2 种方式为普通函数。

案例 5-2 利用函数填充学生信息表

打开“案例 5-2 素材.xlsx”工作簿，在学生信息表中，完成以下要求。效果如图 5-11 所示。

	A	B	C	D	E	F	G	H	I	J	K	L	M
1	学号	姓名	性别	学院	年龄	身份证号	年	月	日	出生日期	生日	联系方式	党员
2	2023010101	曹玲玲	女	文学院	18	51011320050306	2005	03	06	2005年03月06日	2005-03-06	1395205	FALSE
3	2023010102	邓婷	女	文学院	17	51015320060109	2006	01	09	2006年01月09日	2006-01-09	1516604	FALSE
4	2023010103	方明	男	文学院	19	51011320040506	2004	05	06	2004年05月06日	2004-05-06	1583254	TRUE
5	2023010104	冯绍峰	男	文学院	18	51011420050317	2005	03	17	2005年03月17日	2005-03-17	1388630	FALSE
6	2023010105	龚雪丽	女	文学院	18	51010620051105	2005	11	05	2005年11月05日	2005-11-05	1367632	FALSE
7	2023010106	黄小宇	男	文学院	17	51018120061022	2006	10	22	2006年10月22日	2006-10-22	1898326	FALSE
8	2023010107	江潇潇	女	文学院	17	37020320060406	2006	04	06	2006年04月06日	2006-04-06	1361743	FALSE
9	2023010108	谭艺林	女	文学院	18	51030120050207	2005	02	07	2005年02月07日	2005-02-07	1396868	FALSE
10	2023010109	李晨曦	女	文学院	17	51040220060212	2006	02	12	2006年02月12日	2006-02-12	1350357	FALSE
11	2023010110	文静	女	文学院	18	51062320050526	2005	05	26	2005年05月26日	2005-05-26	1898080	FALSE
12	2023120111	蔡晓菲	女	经管学院	18	50010920051225	2005	12	25	2005年12月25日	2005-12-25	1560980	FALSE
13	2023120112	曹丹	女	经管学院	18	51078120050502	2005	05	02	2005年05月02日	2005-05-02	1898325	TRUE
14	2023120113	陈一峰	男	经管学院	18	51010820051224	2005	12	24	2005年12月24日	2005-12-24	1802256	FALSE
15	2023120114	邓燕	女	经管学院	17	51072220060218	2006	02	18	2006年02月18日	2006-02-18	1372346	FALSE
16	2023120115	高潘子	男	经管学院	19	51010620041005	2004	10	05	2004年10月05日	2004-10-05	1810346	FALSE
17	2023120116	何方	男	经管学院	18	51082220050315	2005	03	15	2005年03月15日	2005-03-15	1731193	FALSE
18	2023120117	张敏	女	经管学院	17	51070020060102	2006	01	02	2006年01月02日	2006-01-02	1739802	FALSE
19	2023120118	叶启华	男	经管学院	18	51010520051021	2005	10	21	2005年10月21日	2005-10-21	1810342	FALSE
20	2023120119	叶子	女	经管学院	17	51130020060518	2006	05	18	2006年05月18日	2006-05-18	1898213	FALSE
21	2023120120	张芳菲	女	经管学院	17	51010520061211	2006	12	11	2006年12月11日	2006-12-11	1893215	FALSE
22	2023120121	郑义	男	经管学院	18	44080120050321	2005	03	21	2005年03月21日	2005-03-21	1882827	FALSE
23	2023030122	安心妍	女	外国语学院	17	51010820060101	2006	01	01	2006年01月01日	2006-01-01	1393215	FALSE
24	2023030123	郭佳佳	女	外国语学院	18	51010420050614	2005	06	14	2005年06月14日	2005-06-14	1371223	FALSE
25	2023030124	何鑫	男	外国语学院	18	41010220050214	2005	02	14	2005年02月14日	2005-02-14	1899456	FALSE
26	2023030125	刘笑	男	外国语学院	18	51050220050505	2005	05	05	2005年05月05日	2005-05-05	1389023	TRUE
27	2023030126	王雨婷	女	外国语学院	18	51070320050219	2005	02	19	2005年02月19日	2005-02-19	1812314	FALSE
28	2023030127	曾晓敏	女	外国语学院	17	51081120060111	2006	01	11	2006年01月11日	2006-01-11	1561375	FALSE
29	2023030128	赵悦悦	女	外国语学院	17	51092120060223	2006	02	23	2006年02月23日	2006-02-23	1803514	FALSE
30	2023030129	曾宁	女	外国语学院	18	51111120050527	2005	05	27	2005年05月27日	2005-05-27	1890286	FALSE
31	2023030130	张娜	女	外国语学院	18	51130420050618	2005	06	18	2005年06月18日	2005-06-18	1353267	FALSE
32	2023030131	周一彤	女	外国语学院	17	51132520060301	2006	03	01	2006年03月01日	2006-03-01	1802314	FALSE
33	2023030132	李思思	女	外国语学院	17	51010620060421	2006	04	21	2006年04月21日	2006-04-21	1892132	FALSE
34	2023030133	赵智	男	外国语学院	18	50010920050103	2005	01	03	2005年01月03日	2005-01-03	1398798	FALSE
35	2023270134	崔杰	男	美术学院	19	51010420041224	2004	12	24	2004年12月24日	2004-12-24	1372367	FALSE
36	2023270135	方萌萌	女	美术学院	18	51150220050723	2005	07	23	2005年07月23日	2005-07-23	1731223	TRUE
37	2023270136	邱睿涵	男	美术学院	18	51010620050516	2005	05	16	2005年05月16日	2005-05-16	1362354	FALSE
38	2023270137	张淼	女	美术学院	18	51170220051026	2005	10	26	2005年10月26日	2005-10-26	1392126	FALSE
39	2023270138	刘一飞	男	美术学院	17	51190220060123	2006	01	23	2006年01月23日	2006-01-23	1801166	FALSE
40	2023270139	刘垚	男	美术学院	18	51160220050328	2005	03	28	2005年03月28日	2005-03-28	1368321	FALSE
41	2023270140	罗晓月	女	美术学院	17	44180120061227	2006	12	27	2006年12月27日	2006-12-27	1390816	FALSE
42	2023270141	陈萍萍	女	美术学院	18	51010620050808	2005	08	08	2005年08月08日	2005-08-08	1736915	FALSE
43	2023270142	张歌	女	美术学院	17	51010320061123	2006	11	23	2006年11月23日	2006-11-23	1898912	FALSE
44	2023270143	丁点儿	女	美术学院	17	51180220060416	2006	04	16	2006年04月16日	2006-04-16	1301124	FALSE
45	2023270144	周峰	男	美术学院	18	51200220050609	2005	06	09	2005年06月09日	2005-06-09	1880215	FALSE
46	2023270145	谢欣怡	女	美术学院	18	51010220051207	2005	12	07	2005年12月07日	2005-12-07	1892647	TRUE
47													

图 5-11 “案例 5-2”效果图

(1) 用函数计算每个学生的性别。

(2) 在“出生日期”前增加 3 列，分别为年、月、日。

(3) 用函数计算每个学生的出生年、月、日。

(4) 将“出生日期”列合并成“*年*月*日”的形式。

(5) 在“出生日期”列后插入一列“生日”，要求以“0000-00-00”的形式显示。

(6) 保存。

问题解析：

(1) 求每个学生的性别，先搞明白性别跟什么相关。在表中是与身份证号有关系的。身份证号倒数第 2 位如果是偶数，性别为女，如果是奇数，性别为男。其中涉及几个函数：取倒数第 2 位，用 MID 函数；判断奇偶性，用 MOD 函数，用倒数第 2 位和 2 做余数；跟 2 做余数只会有两个结果，0 或者 1，于是用 IF 函数判断，是 0，则说明倒数第 2 位是偶数，性别为女，否则为男。

C2 中的公式为：=IF(MOD(MID(F2,17,1),2)=0,"女","男")。公式较为复杂，请自行

分析理解。

（2）计算每个学生的出生年、月、日，需要用 MID 函数；"出生日期"改为"*年*月*日"的形式，需要用"&"来连接3个汉字，也就是将不变的放入引号中连接起来。J2 中的公式为=G2&"年"&H2&"月"&I2&"日"。

（3）新增"生日"列，要求显示"0000-00-00"的形式。此处需要用到 TEXT 函数，将字符的格式转换为"0000-00-00"的格式，如 2023-12-30。K2 中的公式为=TEXT（MID（F2,7,8），"0000-00-00"）。

说明：

（1）MOD 函数参数要求是数值型，MID 函数返回的是字符串类型，但是系统自动做了转换，所以直接连用没出错。如果觉得不严谨，可以使用 VALUE 函数将 MID 的返回结果先转成数值型，大家可以尝试一下。

（2）与 MID 函数类似的还有 LEFT 和 RIGHT 函数，都是字符串提取函数，从最左边或者最右边提取。

（3）特别提醒，如果输入函数时一直在单元格内显示函数自身，可以修改单元格格式为常规。

（4）多函数的连用，希望大家搞明白每一步的含义，这样才不至于一头雾水。尤其注意嵌套关系，厘清关系才不会乱用。

案例 5-3　利用函数分析学生信息表

打开"案例 5-3 素材.xlsx"工作簿，在学生信息表中，完成以下要求。公式设置如图 5-12 所示，最终结果如图 5-13 所示。

最大年龄：	=MAX(E2:E46)
最小年龄：	=MIN(E2:E46)
平均年龄：	=ROUND(AVERAGE(E2:E46),1)
美术学院的平均年龄：	=ROUND(AVERAGEIF(D2:D46,"美术学院",E2:E46),1)
年龄大于17的同学人数：	=COUNTIF(E2:E46,">17")
党员人数：	=COUNTIF(I2:I46,"=TRUE")
党员占全部人数的比例：	=COUNTIF(I2:I46,"=TRUE")/COUNTA(I2:I46)

图 5-12　"案例 5-3"公式设置

（1）计算该表中学生的最大年龄。

（2）计算该表中学生的最小年龄。

（3）计算该表中学生的平均年龄，保留1位小数（要求用 ROUND 函数实现）。

（4）计算该表中美术学院学生的平均年龄，保留1位小数（要求用 ROUND 函数实现）。

（5）计算该表中年龄大于17的学生人数。

（6）计算党员人数，并求出党员人数占总人数的比例，其中比例用百分比形式，通过设置单元格格式，保留1位小数。

（7）保存。

问题解析：

（1）最大年龄、最小年龄、平均年龄可以使用 MAX 函数、MIN 函数和 AVERAGE

函数实现；保留 1 位小数用 ROUND 函数实现，E50 单元格中公式为=ROUND（AVERAGE（E2:E46），1）。书写函数时可以直接输入函数，也可以使用"公式"选项卡下的自动求和工具 Σ。使用时注意修改参数范围。

	A	B	C	D	E	F	G	H	I
1	学号	姓名	性别	学院	年龄	身份证号	出生日期	联系方式	党员
2	2023010101	曹玲玲	女	文学院	18	51011320050306	2005年03月06日	1395205	FALSE
3	2023010102	邓婷	女	文学院	17	51015320060109	2006年01月09日	1516604	FALSE
4	2023010103	方明	男	文学院	19	51011320040506	2004年05月06日	1583254	TRUE
5	2023010104	冯绍峰	男	文学院	18	51011420050317	2005年03月17日	1388630	FALSE
6	2023010105	龚雪丽	女	文学院	18	51010620051105	2005年11月05日	1367632	FALSE
7	2023010106	黄小宇	男	文学院	17	51018120061022	2006年10月22日	1898326	FALSE
8	2023010107	江潇潇	女	文学院	17	37020320060406	2006年04月06日	1361743	FALSE
9	2023010108	谭艺林	女	文学院	18	51030120050207	2005年02月07日	1396868	FALSE
10	2023010109	李晨曦	女	文学院	17	51040220060212	2006年02月12日	1350357	FALSE
11	2023010110	文静	女	文学院	18	51062320050526	2005年05月26日	1898080	FALSE
12	2023120111	蔡晓菲	女	经管学院	18	50010920051225	2005年12月25日	1560980	FALSE
13	2023120112	曹丹	女	经管学院	18	51078120050502	2005年05月02日	1898325	TRUE
14	2023120113	陈一峰	男	经管学院	18	51012320051224	2005年12月24日	1802256	FALSE
15	2023120114	邓燕	女	经管学院	17	51072220060218	2006年02月18日	1372346	FALSE
16	2023120115	高潘子	男	经管学院	19	51010420041005	2004年10月05日	1810346	FALSE
17	2023120116	何方	男	经管学院	18	51082220050315	2005年03月15日	1731193	FALSE
18	2023120117	张敏	女	经管学院	17	51070020060102	2006年01月02日	1739802	FALSE
19	2023120118	叶启华	男	经管学院	18	51010520051021	2005年10月21日	1810342	FALSE
20	2023120119	叶子	女	经管学院	17	51130020060518	2006年05月18日	1898213	FALSE
21	2023120120	张芳菲	女	经管学院	18	51010520061211	2005年12月11日	1893215	FALSE
22	2023120121	郑义	男	经管学院	18	44080120050321	2005年03月21日	1882827	FALSE
23	2023030122	安心妍	女	外国语学院	17	51010820060101	2006年01月01日	1393215	FALSE
24	2023030123	郭佳佳	女	外国语学院	18	51010420050614	2005年06月14日	1371223	FALSE
25	2023030124	何鑫	男	外国语学院	18	51010220050214	2005年02月14日	1899456	FALSE
26	2023030125	刘笑	男	外国语学院	18	51050220050505	2005年05月05日	1389023	TRUE
27	2023030126	王雨婷	女	外国语学院	18	51070320050219	2005年02月19日	1812314	FALSE
28	2023030127	曾晓敏	女	外国语学院	17	51081120060111	2006年01月11日	1561375	FALSE
29	2023030128	赵悦悦	女	外国语学院	17	51092120060223	2006年02月23日	1803514	FALSE
30	2023030129	曾宁	女	外国语学院	18	51111120050527	2005年05月27日	1890286	FALSE
31	2023030130	张娜	女	外国语学院	18	51130420050618	2005年06月18日	1353267	FALSE
32	2023030131	周一彤	女	外国语学院	17	51132520060301	2006年03月01日	1802314	FALSE
33	2023030132	李思思	女	外国语学院	17	51010620060421	2006年04月21日	1892132	FALSE
34	2023030133	赵智	男	外国语学院	18	50010920050103	2005年01月03日	1398798	FALSE
35	2023270134	崔杰	男	美术学院	19	51010420041224	2004年12月24日	1372367	FALSE
36	2023270135	方萌萌	女	美术学院	18	51150220050723	2005年07月23日	1731223	TRUE
37	2023270136	邱睿涵	男	美术学院	18	51010620050516	2005年05月16日	1362354	FALSE
38	2023270137	张淼	女	美术学院	18	51170220051026	2005年10月26日	1392126	FALSE
39	2023270138	刘一飞	男	美术学院	17	51190220060123	2006年01月23日	1801166	FALSE
40	2023270139	刘垚	男	美术学院	18	51160220050328	2005年03月28日	1368321	FALSE
41	2023270140	罗晓月	女	美术学院	17	44180120061227	2006年12月27日	1390816	FALSE
42	2023270141	陈萍萍	女	美术学院	18	51010620050808	2005年08月08日	1736915	FALSE
43	2023270142	张歌	女	美术学院	17	51010320060123	2006年11月23日	1898912	FALSE
44	2023270143	丁点儿	女	美术学院	17	51180220060416	2006年04月16日	1301124	FALSE
45	2023270144	周峰	男	美术学院	18	51200220050609	2005年06月09日	1880215	FALSE
46	2023270145	谢欣怡	女	美术学院	18	51010220051207	2005年12月07日	1892647	TRUE
47									
48				最大年龄：	19				
49				最小年龄：	17				
50				平均年龄：	17.7				
51				美术学院的平均年龄：	17.8				
52				年龄大于17的同学人数：	28				
53				党员人数：	5				
54				党员占全部人数的比例：	11.1%				
55									

图 5-13　"案例 5-3"效果图

（2）求美术学院学生的平均年龄，是给平均年龄设了个限制条件，需要用到 AVERAGEIF 函数，保留 1 位小数用 ROUND 函数实现，E51 单元格中公式为=ROUND（AVERAGEIF（D2:D46，"美术学院"，E2:E46），1）。

（3）年龄大于 17 的学生人数使用 COUNTIF 函数，E52 单元格中公式如下：=COUNTIF（E2:E46，">17"）；党员人数针对"党员"列使用 COUNTIF 函数，E53 单元格中公式如下：=COUNTIF（I2:I46，"=TRUE"）。两者区别在于条件设置不同。

(4)计算党员占全部人数的比例：全部人数用 COUNTA 函数，结合上一步求出的党员人数公式，E54 中公式为=COUNTIF(I2:I46,"=TRUE")/COUNTA(I2:I46)。注意，设置单元格格式为百分比，保留 1 位小数。

说明：

(1)自动求和 Σ 工具，不仅能完成求和功能，下三角还可以完成别的几个常见的函数计算，单击下方 3 个点就可以进入“插入函数”对话框。

(2)COUNT 和 COUNTA 函数都是统计某个范围内的单元格数量，COUNT 统计的是某个范围内数值单元格数量，本例中“党员”列数据是 TRUE 和 FALSE，不是数值型，用 COUNT 无法统计，所以只能选用 COUNTA，可以方便地统计范围内所有非空单元格数量。

(3)=AVERAGEIF(D2:D46,"美术学院",E2:E46)函数中的 3 个参数分别表示：在什么范围内查找，查找什么条件，求满足条件的哪个范围的平均值。

案例 5-4　公式的应用——九九乘法表的实现

打开“案例 5-4 素材.xlsx”工作簿文件，两种效果如图 5-14 和图 5-15 所示。

	A	B	C	D	E	F	G	H	I	J
1	九九乘法表									
2		1	2	3	4	5	6	7	8	9
3	1	1	2	3	4	5	6	7	8	9
4	2	2	4	6	8	10	12	14	16	18
5	3	3	6	9	12	15	18	21	24	27
6	4	4	8	12	16	20	24	28	32	36
7	5	5	10	15	20	25	30	35	40	45
8	6	6	12	18	24	30	36	42	48	54
9	7	7	14	21	28	35	42	49	56	63
10	8	8	16	24	32	40	48	56	64	72
11	9	9	18	27	36	45	54	63	72	81

图 5-14　“案例 5-4”效果图 1

	A	B	C	D	E	F	G	H	I	J
1	九九乘法表									
2		1	2	3	4	5	6	7	8	9
3	1	1*1=1	1*2=2	1*3=3	1*4=4	1*5=5	1*6=6	1*7=7	1*8=8	1*9=9
4	2	2*1=2	2*2=4	2*3=6	2*4=8	2*5=10	2*6=12	2*7=14	2*8=16	2*9=18
5	3	3*1=3	3*2=6	3*3=9	3*4=12	3*5=15	3*6=18	3*7=21	3*8=24	3*9=27
6	4	4*1=4	4*2=8	4*3=12	4*4=16	4*5=20	4*6=24	4*7=28	4*8=32	4*9=36
7	5	5*1=5	5*2=10	5*3=15	5*4=20	5*5=25	5*6=30	5*7=35	5*8=40	5*9=45
8	6	6*1=6	6*2=12	6*3=18	6*4=24	6*5=30	6*6=36	6*7=42	6*8=48	6*9=54
9	7	7*1=7	7*2=14	7*3=21	7*4=28	7*5=35	7*6=42	7*7=49	7*8=56	7*9=63
10	8	8*1=8	8*2=16	8*3=24	8*4=32	8*5=40	8*6=48	8*7=56	8*8=64	8*9=72
11	9	9*1=9	9*2=18	9*3=27	9*4=36	9*5=45	9*6=54	9*7=63	9*8=72	9*9=81

图 5-15　“案例 5-4”效果图 2

(1)在当前工作簿中复制一份工作表，分别重命名为“九九乘法表 1”和“九九乘法表 2”。

(2)在工作表“九九乘法表 1”中，在 B3 中输入一个公式， 然后向下填充 B4 到 B11 区域，向右填充 C3 到 J3 区域，最终到填充整个 B3 到 J11 范围，实现输入乘法算式结果的效果,从 1 到 81。

(3)在工作表"九九乘法表 2"中,在 B3 中输入一个公式, 然后向下填充 B4 到 B11 区域,向右填充 C3 到 J3 区域,最终到填充整个 B3 到 J11 范围,实现"1*1=1"到"9*9=81"的效果。

(4)保存。

问题解析:

(1)根据题意,在 B3 单元格中输入一个公式,完成向下向右整个范围的填充,这需要利用单元格的几种引用方式的变化来处理。"九九乘法表 1"工作表中只需要算式的计算结果,相对简单。满足第 1 个,输入 "=A3*B2",然后在向下填充的过程中,出现异常,检查 B4 中的公式,发现不期望发生变化的 B2 变成了 B3,于是锁定 B3 公式中的 2,B3 中公式变为 "=A3*B$2"。再次填充,向下正常。接着向右填充,同样出现问题,检查 C3 中公式,发现不期望发生变化的 A3 变成了 B3,于是需要锁定 B3 单元格公式中的 A,B3 中公式变为 "=$A3*B$2"。再次填充,向右正常。

此时,需要注意,修改了公式,还要再次向下填充,看下方是否有问题。两个方向都正常后,填充剩余的单元格。

(2)有了"九九乘法表 1"的基础,在工作表"九九乘法表 2"中要想实现"1*1=1"到 "9*9=81"的效果,只需用 "&" 运算符进行连接即可。但是切记,只有 "*" 和 "=" 不变,两个乘数分别就是工作表"九九乘法表 1"中的 B3 公式拆开的结果。于是最终在 "九九乘法表 2" B3 中的公式变为:"=$A3&"*"&B$2&"="&$A3*B$2",然后完成向下和向右的填充。

说明:

(1)因为涉及两个方向的填充,不要盲目使用绝对引用,锁定需要锁定的部分即可。

(2)"&" 运算符主要完成文本连接,在使用时,不变的内容放在引号中,在不变和变化的内容中间都得添加 "&" 运算符,不能省略。

5.3 实践与应用

实践 5-1 用公式和函数处理员工工资表

打开"实践 5-1 素材.xlsx"工作簿,依次完成如下操作,结果如图 5-16 所示。

(1)在 Sheet1 工作表的最上面插入一行,并在 A1 单元格中输入"员工工资表",设置其字体为黑体,22 磅,橙色,A1:I1 区域跨列居中。

(2)用函数填充"序号"列,数据来源于"职工号"后两位(用 RIGHT 函数求出)。

(3)计算"实发工资"列,计算方法为 3 个月的补贴之和减"罚款"。

(4)利用 IF 函数计算出实发工资小于 5000 的单元格,备注列显示"需要关注",否则不显示任何内容。

(5)在数据表下方用函数填充 E39:I41 区域,求工资最大值、工资最小值和平均工资,其中平均工资保留 1 位小数。

	A	B	C	D	E	F	G	H	I	J
1	员工工资表									
2	序号	职工号	性别	部门	1月补贴	2月补贴	3月补贴	罚款	实发工资	备注
3	01	JC001	男	第1车间	1213	1984	1776	230	4743	需要关注
4	02	JC002	男	第1车间	2394	2365	2987	352	7394	
5	03	JC003	男	第1车间	1945	2540	2985		7470	
6	04	JC004	男	第1车间	2311	1031	1472	130	4684	需要关注
7	05	JC005	男	第1车间	1456	1527	2260		5243	
8	06	JC006	女	第1车间	2257	2886	2333		7476	
9	07	JC007	男	第1车间	2284	1136	2508		5928	
10	08	JC008	女	第2车间	1845	2088	2669	155	6447	
11	09	JC009	女	第2车间	1513	2711	2888		7112	
12	10	JC010	女	第2车间	2857	1258	1440	25	5530	
13	11	JC011	女	第2车间	2216	2940	1467		6623	
14	12	JC012	女	第2车间	1111	2696	2247		6054	
15	13	JC013	女	第2车间	1044	1116	2856		5016	
16	14	JC014	女	第2车间	1806	2318	2296		6420	
17	15	JC015	男	第2车间	1694	2015	1277		4986	需要关注
18	16	JC016	女	第2车间	2922	1220	1879	230	5791	
19	17	JC017	女	第3车间	2222	1811	2625	352	6306	
20	18	JC018	女	第3车间	2489	2477	1825		6791	
21	19	JC019	女	第3车间	1186	2575	2669	130	6300	
22	20	JC020	女	第3车间	1415	1808	2625		5848	
23	21	JC021	女	第3车间	1952	2541	2284		6777	
24	22	JC022	男	第3车间	2712	1672	1236		5620	
25	23	JC023	女	第3车间	2431	2143	2118	155	6537	
26	24	JC024	男	第3车间	1317	1433	1164		3914	需要关注
27	25	JC025	女	第3车间	2520	2545	2283	25	7323	
28	26	JC026	女	第4车间	1162	2235	1170		4567	需要关注
29	27	JC027	女	第4车间	2461	2133	1945		6539	
30	28	JC028	女	第4车间	1470	2161	1599		5230	
31	29	JC029	男	第4车间	1169	1927	2762		5858	
32	30	JC030	女	第4车间	1493	2454	2299		6246	
33	31	JC031	女	第4车间	2148	2631	2656	230	7205	
34	32	JC032	男	第4车间	2660	2847	1314	352	6469	
35	33	JC033	女	第4车间	2767	2526	2427		7720	
36	34	JC034	女	第4车间	2026	1542	1110	130	4548	需要关注
37	35	JC035	女	第4车间	1175	1180	2234		4589	需要关注
38										
39	工资最大值:				2922	2940	2987	352	7720	
40	工资最小值:				1044	1031	1110	25	3914	
41	平均工资:				1932.7	2070.6	2105.3	192.0	6037.3	

图 5-16　“实践 5-1”效果图

(6)工作表重命名为“员工工资表”。

(7)保存。

提示：数据表已经建好，直接打开使用即可。

实践 5-2　用公式和函数处理基金销售统计表

打开“实践 5-2 素材.xlsx”工作簿，依次完成如下操作，结果如图 5-17 所示。

(1)将 A1:J1 区域进行合并居中，设置字体为隶书，字号 16 磅，加粗。

(2)计算总销售金额(使用 SUM 函数)。

(3)计算各销售员总销售金额的名次(使用 RANK 函数)。

(4)计算基金销售金额在 50000 及以上人员所占的比例，自定义公式计算(公式中可以使用 COUNTIF 和 COUNT 两个函数)，结果保留 1 位小数的百分比样式。

(5)计算每月的最高销售金额(使用 MAX 函数)。

(6)计算每月的最低销售金额(使用 MIN 函数)。

(7)计算第一季度销售金额在不同范围的个数(使用 FREQUENCY 函数)。

(8)保存。

提示：数据表已经建好，直接打开使用。

	A	B	C	D	E	F	G	H	I	J
1					基金销售统计表					
2	银行营业部名称	销售员姓名	2020年1月	2020年2月	2020年3月	2020年4月	2020年5月	2020年6月	总销售金额	名次
3	成都顺村支行	鲍智敏	88600	22546	15869	27931	6415	34446	195807	13
4	成都高填分理处	陈鑫	15015	14815	39316	40000	4527	10092	123765	41
5	成都顺村支行	崔美蕾	53417	49830	11618	1652	10671	16083	143271	27
6	成都罗南支行	范小博	9996	10461	53668	10356	38430	12320	135231	31
7	成都罗南支行	冯成成	39168	8262	42383	47531	7481	13000	157825	23
8	成都顺村支行	郭瑞	20420	1600	27023	16158	10331	51634	127166	36
9	成都大华分理处	何瑾	109212	17163	46615	800	4742	77232	255764	1
10	成都罗南支行	李茜	3800	6331	47642	42834	5819	5215	111641	47
11	成都大场支行	华小棚	1000	8146	54512	97237	9731	84136	254762	2
12	成都罗店支行	黄小燕	8518	10300	4347	65802	1200	5168	95335	53
13	成都罗店支行	蒋琼	80447	26386	8615	649	12111	42316	170524	21
14	成都高填分理处	李方	20531	54673	32650	14681	7061	15011	144607	25
15	成都高填分理处	曹颖	26158	9242	52015	25831	20331	11748	145325	24
16	成都罗南支行	李明珠	30103	38648	11815	38516	70275	32216	221573	7
17	成都高填分理处	何昕	42546	68363	43634	2714	17785	29400	204442	12
18	成都高填分理处	李瑞	20946	7034	4812	2731	62224	7213	104960	51
19	成都高填分理处	陈爱平	11285	22977	70490	56910	68416	11131	241209	3
20	成都罗南支行	李响	53676	26346	5615	7760	15771	22943	132111	32
21	成都罗南支行	刘丽洁	27603	39916	8716	2400	56815	6630	142080	28
22	成都罗南支行	蔡辉华	57531	15105	67215	6113	53600	10974	210538	9
23	成都高填分理处	李志花	32615	4335	20546	10058	44473	12111	124138	40
24	成都顺村支行	廉宪姬	14684	33796	86730	7333	12093	56199	210835	8
25	成都大场支行	林华	85739	41231	7047	17857	13290	11246	176410	20
26	成都大场支行	刘岚	18151	24023	10965	51634	32001	50615	187389	16
27	成都罗南支行	蔡杨明	90230	43116	7600	52215	10075	5604	208840	10
28	成都罗南支行	刘羚玉	13946	44062	14121	2515	8098	13445	96187	52
29	成都罗南支行	陈波	27198	18716	43316	5815	6772	8242	110059	49
30	成都大场支行	刘青	48017	9931	76721	600	42273	12955	190497	14
31	成都大场支行	蔡天蕾	7931	19420	18516	56934	11131	13232	127164	37
32	成都大场支行	李杨	27715	10950	29516	9150	8615	39619	125565	38
33	成都长江西路分理处	毛新丽	33816	77818	16770	3981	1980	5600	139965	30
34	成都大场支行	年士静	22069	10466	18442	30644	5110	34931	121662	42
35	成都顺村支行	戚祥	12457	4946	14584	25130	38733	20923	116773	44
36	成都罗南支行	孙丹	12326	13075	25831	49030	6830	78115	185207	17
37	成都长江西路分理处	田莉莉	19809	13615	14790	65715	51931	23331	189191	15
38	成都罗店支行	王春玲	15015	20467	53830	10815	4415	24631	129173	35
39	成都长江西路分理处	陈红梅	72233	13085	88954	7997	40195	10415	232879	5
40	成都罗店支行	李文馨	10050	44215	15461	31265	5711	24990	131692	33
41	成都长江西路分理处	王艳	47600	19131	11931	17857	13318	30644	140481	29
42	成都长江西路分理处	蔡燕霞	15729	62015	7533	21475	22111	52015	180878	19
43	成都罗南支行	文静	25624	11131	6400	3015	7615	40015	93800	54
44	成都顺村支行	项行敏	59318	40215	11615	44574	62327	4742	222791	6
45	成都顺村支行	徐明	8248	6415	4654	23179	10758	12246	65500	58
46	成都顺村支行	徐长伟	12216	7415	9866	48161	35415	3215	116288	45
47	成都大华分理处	闫英会	36149	8206	46531	15302	94346	7712	208246	11
48	成都罗南支行	叶涛	34031	50978	18419	13577	4567	8031	129603	34
49	成都长江西路分理处	叶璎炎	6450	13126	43215	10615	50595	56891	180892	18
50	成都长江南分理处	尹文刚	35789	33473	8459	3131	10225	1516	92593	55
51	成都罗店支行	于梅艳	53518	10333	11531	27846	2516	15326	121070	43
52	成都长江南分理处	陈慧	6134	7948	54115	22287	16289	3846	110619	48
53	成都罗南支行	余明	21216	52215	4527	15346	13600	37215	144119	26
54	成都罗南支行	袁嘉乐	22072	2714	40731	21615	8815	13215	109162	50
55	成都大华分理处	张倩秀	17060	10133	5815	7128	24334	27300	91770	56
56	成都罗南支行	于钦鹏	19116	9015	14734	5093	6400	3531	57889	59
57	成都高填分理处	张赛男	1449	21015	37516	10480	15048	26983	112491	46
58	成都罗南支行	刘其松	9718	2714	21700	36800	4716	86800	162448	22
59	成都大华分理处	张兴润	34231	25531	34416	11737	3000	15916	124831	39
60	成都大场支行	朱崇帅	20316	10356	14331	12815	8428	5795	72041	57
61	成都罗南支行	庄文文	84800	100731	28015	7227	6346	9331	236450	4
62										
63										
64			2020年1月	2020年2月	2020年3月	2020年4月	2020年5月	2020年6月		
65	销售金额在50000以上的比例		20.3%	11.9%	16.9%	11.9%	15.3%	15.3%		
66	每月的最高销售金额		109212	100731	88954	97237	94346	86800		
67	每月的最低销售金额		1000	1600	4347	600	1200	1516		
68										
69				2020年1月	2020年2月	2020年3月		分段点		
70	分		5000元以下	3		4		5000		
71	段		5001-10000元	7	11	10		10000		
72	销		10001-25000元	21	23	19		25000		
73	售		25001-50000元	16	13	16		50000		
74	量		50001元以上	12	7	10				

图 5-17 "实践 5-2"效果图

实践 5-3 用公式和函数处理职工信息表

打开"实践 5-3 素材.xlsx"工作簿，里面包含 3 个工作表，依次完成如下操作，结果如图 5-18 所示。

(1)对"职工信息表"套用表格样式"蓝色表样式浅色 9"。

(2)在"职工信息表"中，结合"数据信息"表的数据求出员工所在部门、科别、职位，其中工号前 4 位是部门编码，分别填入合适的位置（使用 VLOOKUP 函数）。

（3）在"职工信息表"中，结合"省市代码"表中的数据，求出职工的户籍所在地，其中身份证号前 6 位是省市代码。提示：按 Ctrl+向下箭头快捷键可以找到最后一行数据，有助于书写函数参数，使用 VLOOKUP 函数。

（4）根据"身份证号"列求出职工的出生日期和性别，分别填入合适的位置。提示：本小题涉及 MID、MOD、IF 函数，身份证号倒数第 2 位是偶数，性别为"女"，否则为"男"。

（5）保存。

	序号	姓名	工号	部门	科别	职位	身份证号	户籍所在地	出生日期	性别
1										
2	1	赵一晓	0502001	物料部	仓管科	副科长	41010219830214	河南省郑州市中原区	19830214	女
3	2	吴青	0601001	开发部	设计科	科长	36042819820701	江西省九江市都昌县	19820701	男
4	3	唐小欣	0701001	制造部	制造一科	副科长	44098119831229	广东省茂名市高州市	19831229	女
5	4	韦大帅	0703002	制造部	制造三科	组员	51130019820518	四川省南充市	19820518	男
6	5	严明	0101001	财务部	会计科	总经理	42092119881016	湖北省孝感市孝昌县	19881016	男
7	6	魏雨琪	0101003	财务部	会计科	总经理	51072319851027	四川省绵阳市盐亭县	19851027	女
8	7	李小龙	0202003	总务部	清洁科	经理	43018119851007	湖南省长沙市浏阳市	19851007	女
9	8	张志	0203004	总务部	运输科	副理	43042119861020	湖南省衡阳市衡阳县	19861020	男
10	9	董小宝	0302007	业务部	船务科	科长	43032119860216	湖南省湘潭市湘潭县	19860216	男
11	10	张小贝	0401004	品保部	质量管制	组长	51070019850102	四川省绵阳市	19850102	女
12	11	王小乐	0402003	品保部	质检科	副组长	44088219830703	广东省湛江市雷州市	19830703	女
13	12	张蕊蕊	0403005	品保部	稽核科	组员	44180119826227	广东省清远市英德市	19826227	男
14	13	王若非	0501004	物料部	采购科	科长	51010619861005	四川省成都市金牛区	19861005	女
15	14	陈小超	0601004	开发部	设计科	科长	44182319890609	广东省清远市阳山县	19890609	女
16	15	谭敏	0601005	开发部	设计科	组员	44028119870729	广东省乐昌市乐昌市	19870729	女
17	16	刘丹	0702006	制造部	制造二科	组员	44128319851213	广东省肇庆市高要区	19851213	女
18	17	周杰西	0702007	制造部	制造二科	组员	51010519770501	四川省成都市青羊区	19770501	女
19	18	王小军	0702009	制造部	制造二科	组员	43052419880103	湖南省邵阳市隆回县	19880103	男
20	19	卢乔伊	0702012	制造部	制造二科	组员	34040619860425	安徽省淮南市潘集区	19860425	女
21	20	任敦	0703004	制造部	制造三科	组员	51010819850506	四川省成都市成华区	19850506	女
22	21	陈一帆	0703005	制造部	制造三科	组员	44142419831129	广东省梅州市五华县	19831129	女
23	22	张晓静	0703007	制造部	制造三科	组员	44088219821203	广东省湛江市雷州市	19821203	女
24	23	童晓	0703008	制造部	制造三科	组员	44080119850321	广东省湛江市市辖区	19850321	女
25	24	宋小敏	0703011	制造部	制造三科	组员	42102319840715	湖北省荆州市监利县	19840715	女
26	25	张玲玲	0703012	制造部	制造三科	组员	42052719861216	湖北省宜昌市秭归县	19861216	女
27	26	林洁	0703013	制造部	制造三科	组员	45142419821110	广西壮族自治区崇左市大新县	19821110	女
28	27	鲁智慧	0703016	制造部	制造三科	组员	44188219840629	广东省清远市连州市	19840629	女
29	28	冯小凤	0703017	制造部	制造三科	组员	44122619861102	广东省肇庆市德庆县	19861102	女
30	29	赵菲	0703018	制造部	制造三科	组员	43042119870325	湖南省衡阳市衡阳县	19870325	女

图 5-18　"实践 5-3"效果图

实践 5-4　用公式和函数处理员工综合素质评价表

打开"实践 5-4 素材.xlsx"工作簿，完成以下操作，结果如图 5-19 所示。

（1）使用公式计算出每位员工的总评分：总评分=工作业绩×50%+工作态度×20%+工作能力×30%。计算结果放到对应的单元格中，设置该列为数值型，保留一位小数。

（2）计算每位员工的总评分排名，填入对应的位置。

（3）员工总评分以 80 分为分界点，大于等于 80 为合格，小于 80 为不合格。

（4）用函数统计不同部门员工总评分的平均分，保留 1 位小数，显示在数据源右侧数据表中（结合使用 SUMIF 和 COUNTIF 函数）。

（5）用函数统计不同部门员工不合格的人数，显示在数据源右侧数据表中（使用 COUNTIFS 函数）。

（6）保存。

遇到不熟悉的函数建议使用函数帮助，具体做法可参考 5.1.3 节中有关函数帮助的使用的内容。

	A	B	C	D	E	F	G	H	I	J	K	L	M
1	姓名	部门	岗位	工作业绩	工作态度	工作能力	总评分	排名	是否合格				
2	李萍	财务	出纳	89	93	77	86.2	6	合格				
3	王静	财务	会计	85	61	97	83.8	8	合格				
4	谢小云	财务	会计	70	96	72	75.8	20	不合格				
5	陈伟民	财务	会计	80	68	66	73.4	22	不合格				
6	姚辉	行政	人事主管	91	67	93	86.8	4	合格				
7	黄锋	行政	办公室主任	82	69	94	83.0	10	合格				
8	肖莉	行政	人事助理	83	88	74	81.3	17	合格				
9	周亦菲	市场	销售	90	89	94	91.0	1	合格		部门	总评平均分	不合格人数
10	王玉龙	市场	技术支持	89	80	97	89.6	2	合格		财务	79.8	2
11	黄磊	市场	销售	86	83	95	88.1	3	合格		行政	83.7	0
12	叶柯	市场	销售	85	80	89	85.2	7	合格		市场	84.8	1
13	王涛	市场	采购	82	86	83	83.1	9	合格		研发	81.5	1
14	冯志	市场	销售	84	72	87	82.5	12	合格				
15	张姗姗	市场	采购	89	82	72	82.5	12	合格				
16	张月虹	市场	技术支持	90	65	71	79.3	19	不合格				
17	赵一萌	市场	采购	78	87	84	81.6	16	合格				
18	钱小容	研发	软件开发	93	71	86	86.5	5	合格				
19	罗洛	研发	软件开发	86	75	83	82.9	11	合格				
20	吴波	研发	软件测试	78	89	85	82.3	14	合格				
21	李月	研发	软件测试	83	76	85	82.2	15	合格				
22	钟睿	研发	软件测试	73	97	82	80.5	18	合格				
23	钟小天	研发	软件开发	74	73	77	74.7	21	不合格				

图 5-19 "实践 5-4"效果图

第6章　图表与数据透视表

在日常生活中 Excel 可以帮助我们完成工作表的数据计算、统计等操作，但其结果不一定能够很好地显示出数据的发展趋势和分布状况，因此 Excel 提供了图表功能。图表以图形形式直观地显示数据，帮助用户将数据之间的关系可视化。图表不仅可以非常直观地反映工作表中数据之间的关系，还可以便于对比分析数据，让枯燥难懂的 Excel 数据变得形象而容易理解。

这一章将学习图表相关内容，以"图表的基本功能"为主题，遵循简明好懂，清晰传递信息的原则，帮助大家正确、高效地完成数据图表化的基本思路和操作方法，也是图表处理必备的基本技能。

6.1　知识索引——图表与数据透视表的基本功能

6.1.1　Excel 图表的构成元素

Excel 图表因为不同类型，其构成元素有一定的差别，一个图中不可能出现所有的元素。下面以折线图为例，归纳并介绍常见的图表元素，如图 6-1 所示。

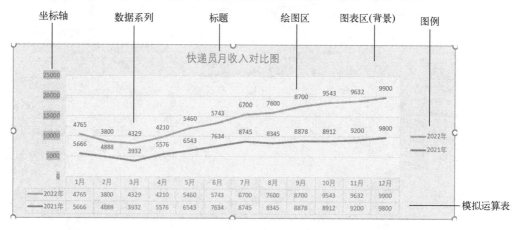

图 6-1　Excel 的图表元素

（1）图表区：整个图表所在的区域。

（2）绘图区：包含数据系列图形的区域。

（3）标题：Excel 中默认使用系列名称作为图表标题，用户可根据需要更改。

（4）图例：标明图表中的图形代表的数据系列。

（5）数据系列：根据数据源绘制的图形，用以生动形象地反映数据，是图表的关键部分。

（6）坐标轴：包括横坐标轴（X 轴）和纵坐标轴（Y 轴）。某些复杂的图表可能还会用到次坐标轴，即主 X、Y 轴和次 X、Y 轴。在默认情况下，Excel 会自动确定图表中坐标轴的刻度值，但也可以自己定义，以满足使用需要。

（7）模拟运算表：反映了图表中数据源的表格。默认情况下一般不显示出来。

此外，Excel 还提供了一些数据分析中很实用的图表元素，在"图表工具"选项卡中的"图表设计"→"图表布局"中选择"添加图表元素"命令，可以轻松地为图表设置"趋势线""涨/跌柱线""误差线"等图表元素。

6.1.2　Excel 图表的类型

Excel 图表的类型有很多，不同的图表类型解决不同场景的数据展示需求。Excel 表格内置的图表类型分为 17 种，如图 6-2 所示。

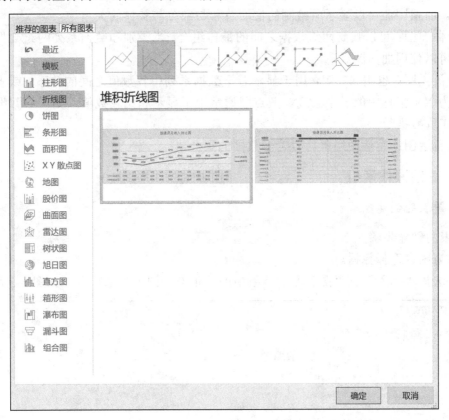

图 6-2　Excel 图表的类型

这 17 种图表类型中每个类型又包含了更细分的图表样式，比如柱形图下又有簇状柱形图、堆积柱形图、百分比堆积柱形图、三维簇状柱形图、三维堆积柱形图、三维百分比堆积柱形图和三维柱形图。它们之间的差别主要在于柱形的样式不同，比如三维柱形图的柱形是立体的，类似于一个三维方形柱子。

下面将通过 8 个常见的图表类型，来介绍它们各自的应用场景。而具体的子类型图表，将在后面讲解图表的创建和使用时再进行介绍。

（1）柱形图：一种很常见的图表类型，它常用于比较不同类别或系列之间的数值，来显示数据的对比情况，易于阅读和理解。因此当一组数据需要比较数量和大小规模时，可以使用柱形图。

(2)折线图：一条弯折或平滑的线条，它通过连接数据点的线条来显示趋势和模式，可以显示随时间或其他连续变量而变化的数据趋势，非常适合于展示趋势或模式。

(3)饼图与圆环图：饼图，顾名思义，它的形状类似于一块圆饼，根据数据源的数值来划分不同大小的饼块，可直观地展示这些数值在整体中的占比情况。其中，饼图包括三维饼图、复合饼图、圆环图等5种图形。圆环图用于显示各部分与整体之间的关系。在圆环图中，只有排列在工作表的列或行中的数据才可以绘制到图表中。

(4)条形图：用于显示各个项目之间的比较情况。

(5)面积图：用于强调数量随时间而变化的程度，可非常直观地引起人们对总体趋势的注意。面积图还可以显示所绘制的值的总和与部分与整体的关系。

(6)曲面图：可以找到两组数据之间的最佳组合，当类别和数据系列两组数据都为数值时，可以使用曲面图。

(7)散点图：也叫XY图，用于显示若干数据系列中各数值之间的关系，或者将两组数绘制为XY坐标中的一个系列。散点图通常用于显示和比较数值，如科学数据、统计数据、工程数据等。

(8)雷达图：雷达图用于比较若干数据的聚合值。

6.1.3 基础操作索引

1. 图表的创建

图表的创建步骤如下。

(1)为图表选择数据。

(2)选择"插入"→"图表"功能组中的"推荐的图表"选项卡，如图6-3所示。

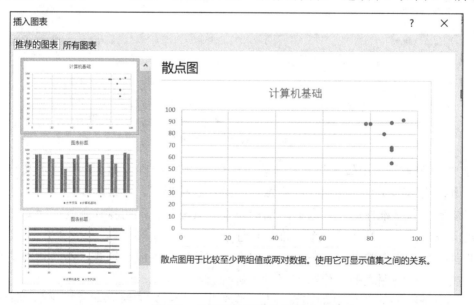

图6-3 "推荐的图表"选项卡

（3）在"推荐的图表"选项卡中选择一个图表进行预览。

注意：可选择图表中所需的数据，按 Alt+F1 快捷键即可立即创建一个图表，但这可能不是这些数据的最佳图表。如果没找到喜欢的图表，可选择"所有图表"选项卡，查看所有图表类型从中进行选择。

2. 图表的基本操作

图表的基本操作包括选择图表、选择图表元素、移动图表、调整图表大小等。虽然这些操作中有很多都比较简单，但是在对图表进行编辑和美化时又是必需的。

1）图表及图表元素的选择

将鼠标指针放置到图表边框位置或者图表空白处单击，此时图表将被选中。选中后的图表被一个方框包围，在其右上角会出现"图表元素""图表样式""图表筛选器"按钮，如图 6-4 所示。

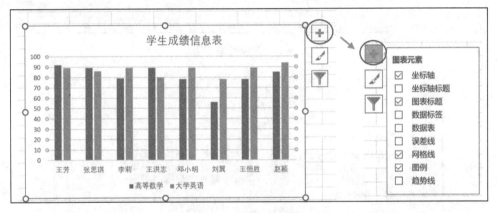

图 6-4　图表的选择

（1）"图表元素"：添加、删除或更改图表元素。

（2）"图表样式"：设置图表的样式和配色方案。

（3）"图表筛选器"：编辑图表上要显示的数据点和名称。

图表是由多种图表对象组合而成的，对图表的设计和调整，也是对图表中各个元素的设计和调整，操作时需要对这些元素进行选择。

将鼠标指针放置某个对象上，Excel 将会出现该图表对象的提示，单击后即可选择该对象。一般情况下，双击该对象，就会出现该对象所对应的设置对话框，如图 6-5 所示。

2）移动图表

图表的移动比较简单。需要注意的是，在拖动图表的过程中需要将鼠标指针移至图表的空白处再拖动，否则移动的对象将不是整个图表，而是绘图区或坐标轴等图表对象。

如果需要将图表移至其他工作表中，使用鼠标拖动的方法就没有办法操作。此时，需要在选中图表后，在"图表工具"→"图表设计"选项卡的"位置"组中选择"移动图表"按钮，在打开的"移动图表"对话框中选择"对象位于"单选项，在右侧的下拉列表框中选择图表移动的目标工作表。设置完成后单击"确定"按钮,如图6-6所示。

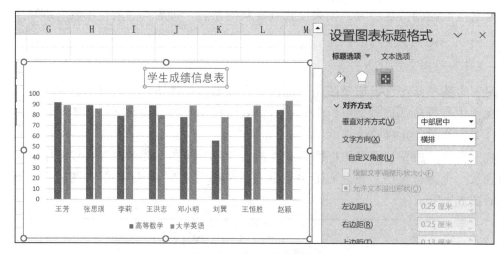

图6-5 图表对象设置

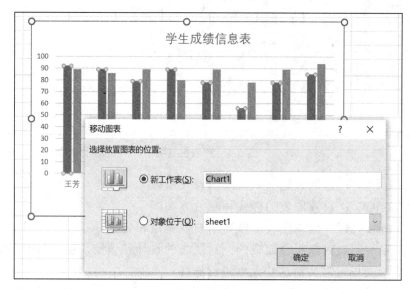

图6-6 移动图表的位置

为了让图表显示得更直观、更形象,关于图表的更多操作,可在"图表工具"选项卡的"图表设计"和"格式设计"选项卡中,对已生成的图表进行进一步的编辑和美化。

3)数据透视表的创建

数据透视表是一种对大量数据快速汇总和建立交叉列表的交互式动态表格,能够帮助用户分析、组织既有数据,是 Excel 中的数据分析利器。

特别需要注意,在实际生活中,用户的数据往往是以二维表格的形式存在的,如图6-7(a)所示。这样的数据表无法作为数据源创建理想的数据透视表。只能把二维的数据表格转换为如图 6-7(b)所示的一维表格，才能作为数据透视表的理想数据源。因此，数据透视表的数据列表就是指这种列表形式存在的数据表格。

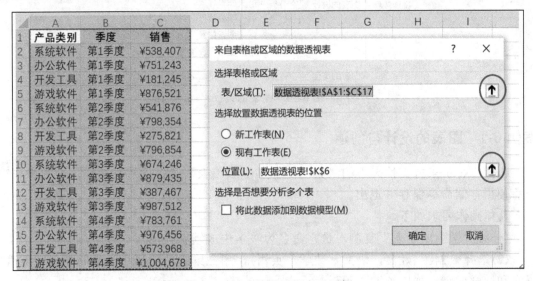

图 6-7　数据透视表的数据列表

在数据准备的过程中，要注意标题行中不能有空白单元格，且表格必须是简单的一维表。

在"插入"选项卡中选择"表格"组中的"数据透视表"选项，弹出如图 6-8 所示的"创建数据透视表"对话框。在该对话框中需要选择表格或区域和数据透视表的位置。具体操作中，可以单击"折叠"按钮 ↑ ，然后直接用鼠标选择位置，最后单击"确认"按钮，就弹出如图 6-9 右图所示的数据透视表的编辑界面。

图 6-8　创建数据透视表对话框

分别拖动"产品类别"字段到列，"季度"字段到行，"销售"字段到值，就生成如图 6-9 中图所示的数据透视表。

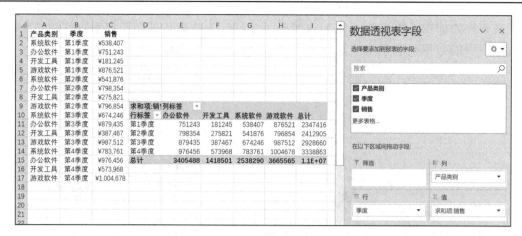

图 6-9　数据透视表编辑界面

6.2　案例分析——图表的编辑与美化

为了清楚地理解"图表设计与制作"所包含的关键要素，可以对图表及其对象的设计做如下思考，如图 6-10 所示。

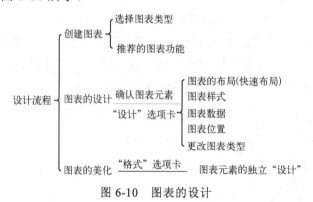

图 6-10　图表的设计

案例 6-1　图表的设计与创建

选择 Excel 素材文件夹中的"案例 6-1 学生成绩表"数据库进行操作，全部操作完毕后使用存储命令保存并退出。

具体操作要求如下。

(1)将"学生成绩表"复制一份，命名为"学生成绩统计图"。

(2)选择数据源(姓名，语文，数学，英语)，用三维簇状图显示学生的姓名、英语、语文和数学成绩，如图 6-11 所示。

(3)选择"图表工具"→"设计"选项卡，选择"快速布局"→"布局 9"命令，同时设置图表的标题为"学生成绩表"，横轴为"姓名"，纵坐标轴设置为竖排标题"成绩"，为数学成绩添加"数据标签外"，并添加数学的"线性"的趋势线。最后调整图表大小，如图 6-12 所示。

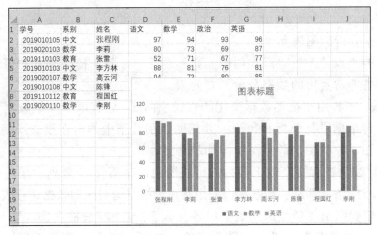

图 6-11　创建图表

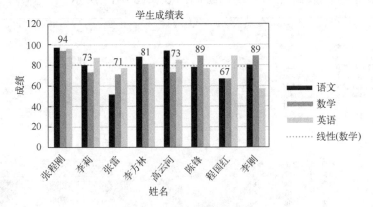

图 6-12　图表元素的设计

(4)将所有学生的数学成绩柱状图颜色更改为"浅绿色";张程刚的语文考试成绩为全校第一,单独将其成绩柱状图更改为"红色";设置图表区背景颜色填充为"浅灰色 背景 2",绘图区背景颜色填充为"橙色 个性色 2 淡色 80%";图表中所有的文字格式设置为"艺术字样式 1",最后效果如图 6-13 所示。

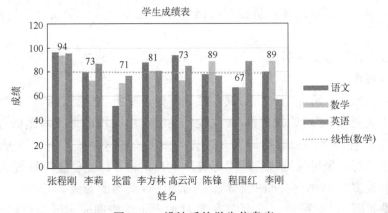

图 6-13　设计后的学生信息表

问题解析：

1）用于数据分析的图表元素

在 Excel 的"设计"→"添加图表元素"功能中，除了提供基本的可删减图表元素以外，还有一些非常实用的数据分析图表元素。

（1）趋势线：一种用来描述数据变化的直线或曲线，它代表了一组数据中的趋势或模式。它可用于对数据进行分析和预测，并帮助识别数据中的潜在模式或趋势。在 Excel 中，常在折线图、柱状图、散点图中添加趋势线。

（2）涨/跌柱线：在有两个以上系列的折线图中，在第 1 个系列和最后一个系列之间绘制的柱形图或线条，即涨柱和跌柱，利用它可以很好地对区间数据进行表达。

例如，我们要画出"学生成绩表"中各科成绩的"涨/跌柱"图，首先调整表格，选择"插入"→"图表"→"折线图"命令，然后切换到"图表工具"→"设计"→"添加图表元素"→"涨/跌柱"命令，绘制图表如图 6-14 所示。

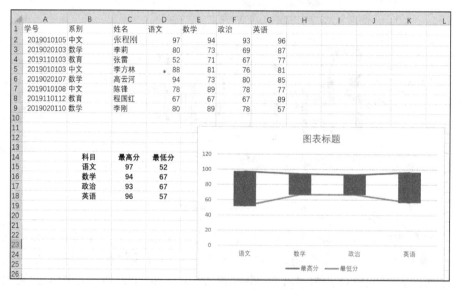

图 6-14　学生信息表的"涨/跌柱"图

实际应用中，还可以选择把折线图隐藏起来，让图表只显示成绩高差柱形图。步骤如下。

①选择最高分和最低分折线，选择"图表工具"→"格式"→"形状轮廓"→"无轮廓"隐藏折线图。

②选择"添加图表元素"→"涨/跌柱线"命令，设置"图表工具"→"格式"→"形状填充"→"黄色"，即可通过"涨/跌柱线"表示每门课程的最高和最低分的情况。

③在"涨/跌柱"上添加数据标签。选择"设置绘图区格式"→"水平坐标轴"，在右侧的窗格中选择"坐标轴选项"→"标签"命令，将"标签位置"设置为"低"，将纵坐标的最大值设置为 100，并对图表背景等选项进行适当的设置。

最后结果如图 6-15 所示。图表中涨/跌柱的上下边缘即表示区间最高值和最低值，涨/跌柱的长短则表示高低分成绩差值。

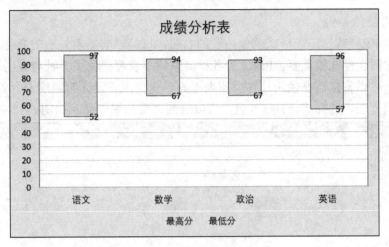

图 6-15　只显示成绩高差柱形图

(3)误差线：用于显示误差范围，有标准误差线、百分比误差线、标准偏差误差线等选项，常用于制作质量管理方面的图表。

2)图表的布局

图表中各个元素在图表中的排版方式就是图表的布局。为了形象地表现出图表所需要表达的内容，让图表显示出哪些元素，安排图表的显示元素可谓至关重要。对于初次使用 Excel 的用户，如果不知道怎么布局的话，可以单击"设计"选项卡中"图表布局"组中的"快速布局"按钮，打开如图 6-16 所示的图表布局，选择相应选项即可。

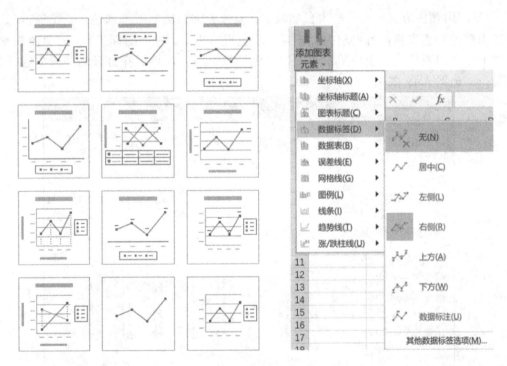

图 6-16　"图表布局"组

3) 图表的整体美化

(1) 应用图表样式。图表样式就像图表的衣服，直接影响图表外观的变化，因此，选择适合、恰当的图表样式很重要。Excel 为各种类型的图表都提供了多种内置图表样式，不需要用户设置，可以直接选择使用。在"图表工具"→"图表设计"选项卡中的"图表样式"组中展开选项列表，选择"样式 3"后，可以看到之前的图表显示如图 6-17 所示。

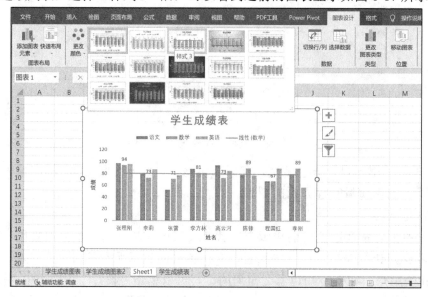

图 6-17　图表样式的应用

(2) 应用颜色方案。人类被大自然吸引，根源于大自然的五颜六色，多姿多彩。Excel 通过内置的颜色方案，为用户提供丰富的颜色设计方案。在"图标工具"→"图表设计"选项卡中"图表样式"组中单击"更改颜色"按钮 ，然后在打开的列表中选择相应的颜色，如图 6-18 所示。

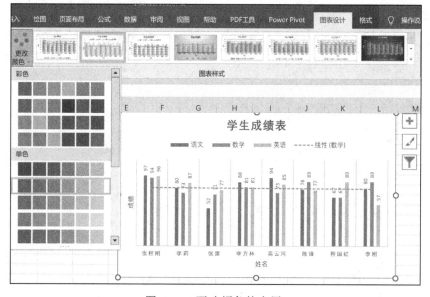

图 6-18　更改颜色的应用

(3)使用主题设置图表外观。Excel 中内置了很多系统主题，可以很好地帮助用户的应用系统改变工作表图表的外观。在"页面布局"选项卡中的"主题"组中单击"主题"按钮，在展开的列表中展示了多种内置的 Excel 主题。选择主题，工作表和图表样式将随之发生变化，如图 6-19 所示。

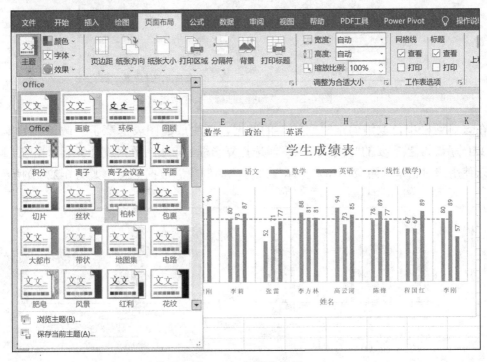

图 6-19 主题的应用

4）图表行/列的切换

在选定图表的状态下，单击"图表工具"→"图表设计"选项卡中的"切换行/列"按钮，可以替换图表水平轴上的数据，如图 6-20 所示。

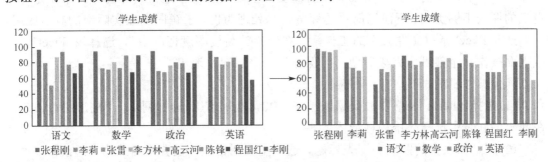

图 6-20 图表行列的切换

具体应用中，究竟应该设置谁为横轴？一般遵循的原则为"行和列中项目数多的为横轴"，当然很多时候还是要根据具体需要来确定。同时，图表中的"图表数据区域"范围和轴标签，也可以在图表制作完成后更改。单击"图表工具"→"图表设计"选项卡中的"选择数据"按钮，就会打开如图 6-21 所示的"选择数据源"对话框。

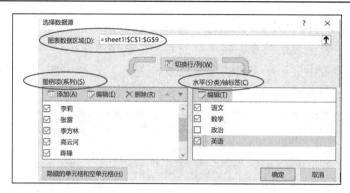

图 6-21　"选择数据源"对话框

在该对话框中，取消勾选"政治"的数据，新生成的图表隐藏了"政治"数据，如图 6-22(a)所示。当需要的时候，可以重新选择复选框，隐藏的数据就会被显示出来。同样，也可以使用该对话框"隐藏"和"显示"部分"图例项"数据信息，如图 6-22(b)所示。

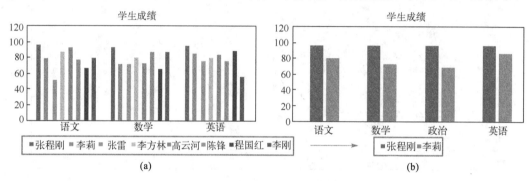

图 6-22　隐藏和显示部分信息

案例 6-2　图表格式和坐标轴设置

很多时候，我们掌握了图表制作所需要的基本技能，但是在具体的实践中还是觉得自己的图表不够美观。下面以简单的商务信息处理为例，了解图表在实际中的具体应用。

打开 Excel 素材文件夹中的工作簿"案例 6-2 薪资幅度情况表"，选择表 Sheet1，完成下面操作。全部操作完毕后使用"保存"命令保存并退出。

具体操作要求如下。

(1)选择 Sheet1 表格中的数据区域 B3:D8，在当前工作表中插入"柱形图"按钮，在弹出的列表中选择"堆积柱形图"。

(2)删除图表中的图例和图表标题，选择主要网格线，设置其格式为"虚线"→"方点"，如图 6-23 所示。

(3)双击垂直坐标轴，设置主要刻度线单位为 1500；"主刻度线类型"为"无"；线条格式为"无线条"。

(4)选择蓝色数据系列，设置其填充颜色为"无填充颜色"。选择红色数据系列，设置其填充颜色为"其他充颜色"，在"颜色"对话框中设置自定义颜色为"红色：0；绿色：100；蓝色：120"。

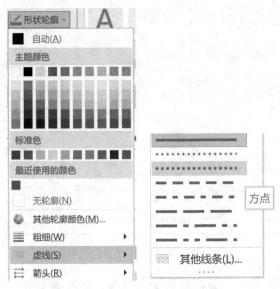

图 6-23　"形状轮廓"列表框

（5）选择图表绘图区，设置其填充颜色为"无颜色填充"。选择图表区，设置其填充为"纯色填充"，"颜色"为"白色，背景 1，深色 5%"。

（6）在图表区域插入文本框，并录入"四川师范大学薪资幅度情况（2016 标准）"。图表中所有文本格式设置为"快速艺术字"中的"填充 黑色 文本色 1 阴影"。最后结果如图 6-24 所示。

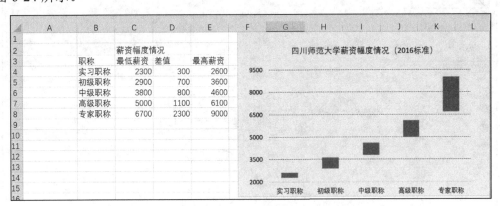

图 6-24　薪资幅度情况图表

问题解析：

1）设置图表元素的格式

除了整体设置图表的格式，有时候需要对一些图表元素单独设置。设置前需要准确选择设置对象，常用的方法如下。

（1）单击图表对象：如果对图表元素非常熟悉，那么可以单击直接选择需要设置的图表对象，选择的对象四周会出现编辑小圆点。双击该对象，就会展开设置该对象的属性窗口，可以在属性窗口中设置对象属性，如图 6-25 所示。

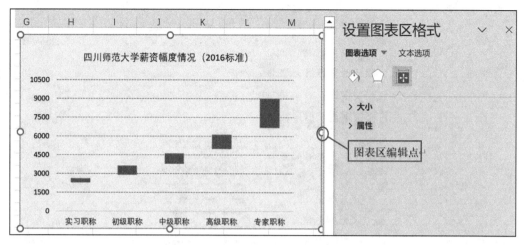

图 6-25 图表元素的选择及设置

(2)利用"当前所选内容"组：如果不太熟悉图表元素名称，或者对于一些"隐藏"的图表对象(如图 6-26 中的系列"最低薪资")不好直接选择时，用户可以在"当前所选内容"组中选择所需要设置的对象。在"图表工具"→"当前所选内容"组中单击该组中的下拉列表框按钮，展开的下拉列表中列举出图表中的所有元素，选择需要设置的对象，如图 6-26 所示。

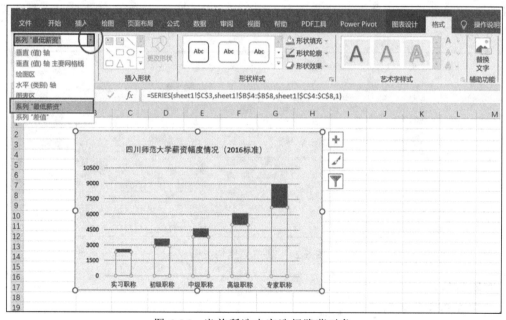

图 6-26 当前所选内容选择隐藏对象

2)坐标轴的设置

Excel 图表的坐标轴分为分类轴和数值轴两类。分类轴用于显示数据系列的分类，通常用文字表示；数值轴用于数据的间隔，通常为数字。默认情况下，数值轴显示的数值格式和它引用的单元格数据的格式是相同的。在创建图表时，可以根据需要对数值轴的格式进行调整，如图 6-27 所示。

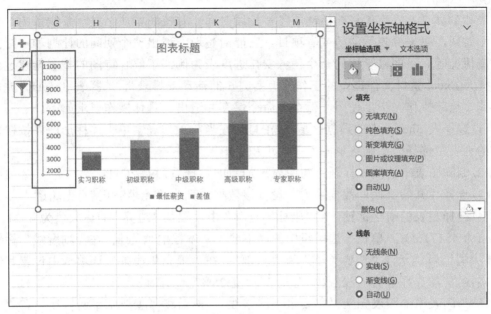

图 6-27　"设置坐标轴格式"窗格

其中，单击图 6-27 中的"文本选项"标签，可以对坐标轴的文本单独格式设置，如"文本填充与轮廓""文字效果""文本框"。

特别地，作为数值轴的纵坐标，很多时候为了增强图表的整体性，需要调整其起始值、坐标轴的刻度间隔、数据显示范围等。这样，让重要的数据信息呈现在图表的中心，将不在范围内的数据排除在图表之外，如图 6-28 所示。

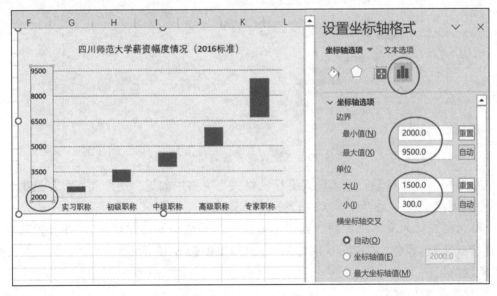

图 6-28　设置纵坐标格式

案例 6-3　综合应用：甘特图

甘特图是日常生活和工作中一种非常有用的进度管理图。它通过图示的方式，用活动列表和刻度表示特定项目的活动顺序和持续时间。甘特图本质上是一条线条图，横坐标表示时间，纵坐标表示活动或者项目。它能清楚地表现出整个期间的计划和实际的活动完成情况等。下面以学校的一个任务安排进度表为例，了解甘特图的整个创建过程。

打开 Excel 素材文件夹中的工作簿"案例 6-3 活动安排表"，选择表 Sheet1，完成下面操作。全部操作完毕后使用"保存"命令保存并退出。具体操作要求如下。

（1）选择表 Sheet1 中的数据区域 A2:B11，在当前工作表中单击"柱形图"按钮，在弹出的列表中选择"二维条形图"→"堆积条形图"。

（2）删除图表中的图表标题，为图表添加新的数据系列 C2:C11。

（3）选择"开始日期"数据系列，设置该数据系列为"无填充色""无轮廓"。

（4）选择图表的横坐标轴，在"坐标轴选项"中设置其"边界"的最大值为 45211.00，最小值为 45171.00；"单位"选项组中的"主要"文本框的值为 8；在"刻度线"栏设置"主要类型"为"无"，"次要类型"为"内部"；在"填充与线条"选项卡中设置其线条为"实线"，填充颜色为"浅灰色 背景 2 深度 25%"。

（5）为图表添加图表元素"主要水平网格线"，然后将"主要水平网格线"和"主要垂直网格线"设置为"虚线，方点"。

（6）在"设置数据系列格式"窗格中设置系列"分类间距"为 80%，并设置"持续时间"系列的填充颜色为自定义颜色，即红色为 0，绿色为 128，蓝色为 128，如图 6-29 所示。

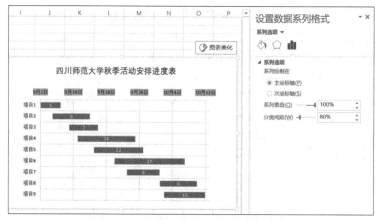

图 6-29　"设置数据系列格式"窗格

（7）选择垂直坐标轴，在"设置坐标轴格式"窗格中勾选"逆序类别"复选框，并设置"主刻度线类型"为"无"，将图表拉宽，让图表更清晰。

（8）为图表插入文本框标题"四川师范大学秋季活动安排进度表"，并设置其格式为"快速样式填充 黑色 文本色 1 阴影"。最后结果如图 6-30 所示。

问题解析：

1）日期的数值格式

在"坐标轴选项"中设置其"边界"的最大值和最小值，需要将日期型转化为数值型，可以使用"开始"选项卡中的"数据"组，选择将有日期数据的单元直接转化为数值型格式，系统就会呈现数值型结果，如图 6-30 所示。

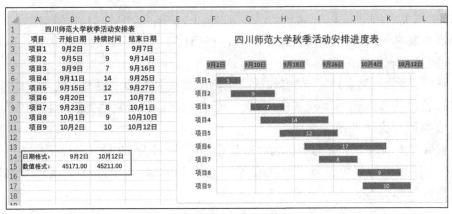

图 6-30　甘特图表的创建结果

2)隐藏数据系列

甘特图是为了更好地查看任务的起始和结束时间,以及评估任务进行精度。图表中的"开始日期"数据系列虽然能更好地确认任务的起始时间,但是因为有了横坐标和"持续时间"系列,"开始日期"系列就可以隐藏起来。

通过该案例,也可以看到,从"表"到"图"的过程中,需要面对"可视化"的挑战,即要充分站在受众的角度去思考"什么样的图表最能吸引受众?"这个问题会直接关系到图表类型的选择,如图表对象的合理删减、图表颜色、图标字体、图表比例等。适当地消除杂乱,弱化图表中的某些元素,同时强调并聚焦到另一元素,才能让受众更容易理解图表,使图表更吸引受众的注意。

6.3　实践与应用

实践 6-1　图表的基本设置

打开 Excel 素材文件夹中的工作簿"实践 6-1 公司借贷记录表",选择表 Sheet1,完成下面操作。全部操作完毕后效果如图 6-31 所示,使用存储命令保存并退出。

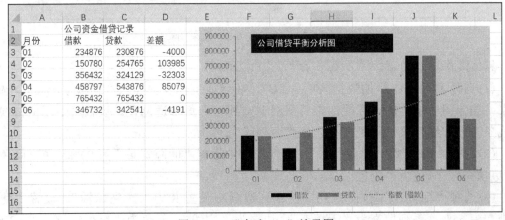

图 6-31　"实践 6-1"效果图

具体操作要求如下。

(1)选择表 Sheet1 中的数据区域 A2:C8，在当前工作表中插入"簇状状柱形图"，选择图表并删除图表中的图表标题。

(2)设置"水平(类别)轴"刻度线的"主刻度线类型"为"内部"选项，线条为"实线"，坐标轴的线条颜色为"浅灰色 背景 2 深色 50%"。设置"垂直(值)轴"刻度线的"主刻度线类型"为"外部"选项。

(3)设置"图表区"所有的字体为"微软雅黑"，字号为 10 磅，字体颜色为"黑色 文字 1"。整个图表区背景填充为"纯色填充"，颜色为"绿色 个性色 6 淡色 60%"。设置"图表绘图区"填充颜色为"无填充"。

(4)选择"借款"数据系列，设置该系列填充类型为"浅色填充"，颜色为"黑色"。选择"贷款"数据系列，设置该系列填充类型为"纯色填充"，颜色为"蓝色"。设置数据系列的"分类间距"为 80%。

(5)为图表增加"指数趋势线"，在图表中插入"横排文本框"，录入文字"公司借贷平衡分析图"，文本框填充颜色为"黑色"，字体颜色为"白色"。

实践 6-2　图表的综合应用

打开 Excel 素材文件夹中的工作簿"实践 6-2 超市管理记录表"，选择表 Sheet1，完成下面操作。全部操作完毕后效果如图 6-32 所示，使用存储命令保存并退出。

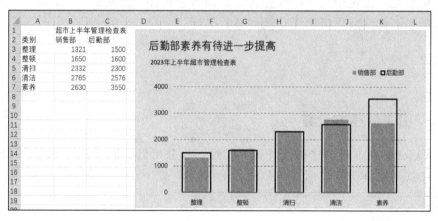

图 6-32　"实践 6-2"效果图

具体操作要求如下。

(1)选择表 Sheet1 中的数据区域 A2:C7，在当前工作表中插入"簇状柱形图"，选择图表并删除图表中的图表标题，将其图例调整到右上角合适位置。设置"主要网格线"的线条为"实线"，"短划线类型"为"短划线"。

(2)选择"销售部"数据系列，在系列选项中设置"间隙宽带"为 95%，填充颜色为"纯色填充"，颜色为"橙色"。

(3)选择"后勤部"数据系列，在系列选项中设置其为"次坐标轴"，设置"间隙宽带"为 65%，系列填充为"无填充"，边框为"实线"，颜色为"黑色"，宽度为 2 磅。

（4）选择"垂直轴"，在坐标轴选项中设置边界最大值为 4000，最小值为 0，单位最大为 1000，最小为 200。选择"次坐标轴　垂直轴"，标签位置设置为"无"。

（5）设置图标区字体为"微软细黑"，字号为 10 磅，颜色为"黑色"，填充为"纯色填充"，颜色为"橙色　个性色 2"。

（6）在图表中插入"横排文本框"，录入图 6-32 所示信息。设置文本框填充色为"无填充颜色"，根据需要设置字体格式。

实践 6-3　甘特图：项目安排表

打开 Excel 素材文件夹中的工作簿"实践 6-3 合作学习安排表"，选择表 Sheet1，完成下面操作。全部操作完毕后使用存储命令保存并退出。

具体操作要求如下。

（1）选择表 Sheet1 中的数据区域 A2:B11，在当前工作表中插入"堆积条形图"，删除图表中的图表标题。

（2）为图表添加新的数据系列 C2:C11，选中"开始日期"数据系列，设置该数据系列为"无填充色""无轮廓"。

（3）选择图表的横坐标轴，在"坐标轴选项"中设置其"边界"的最大值为"2023/6/22"，最小值为"2023/5/3"；"单位"选项组中的"大"文本框的值为 7，设置其数字格式类型为"日期"。

（4）为图表添加"主要水平网格线"，然后将"主要水平网格线"和"主要垂直网格线"设置为"虚线短横线"。

（5）设置"持续时间"数据系列"分类间距"为 60%，并设置系其填充颜色为"蓝色"。选择垂直坐标轴，在"设置坐标轴格式"窗格中勾选"逆序类别"复选框，并设置"主刻度线类型"为"无"。

（6）在图表中插入"横排文本框"，录入如图 6-33 所示信息。文本框填充色为"蓝色"，根据需要设置字体格式。

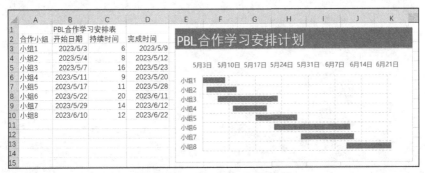

图 6-33　"实践 6-3"效果图

实践 6-4　数据透视表

打开 Excel 素材文件夹中的工作簿"实践 6-4 5 月八年级 2 班考勤表"，选择表 Sheet1，完成下面操作。全部操作完毕后使用存储命令保存并退出。

具体操作要求如下。

以班级为筛选条件，创建一张数据透视表，统计 5 月八年级 2 班学生迟到情况，如图 6-34 所示。

班级	八年级2班			
计数项:迟到	列标签			
行标签	高勇	林勇	赵丽丽	总计
2020/5/20		1		1
2020/5/27	1		1	2
2020/5/28			1	1
总计	1	1	2	4

图 6-34 "实践 6-4"效果图

第7章 数据管理

在查看 Excel 工作表时，多数情况下由于数据量大且繁杂，为了能够方便地提取出对我们有用的信息，经常需要对表格中的数据进行各种管理，如排序、筛选、分类汇总及部分打印等。这些操作不仅有助于数据的查询，更有助于做一些分析报告。

这一章以 Excel 软件为基础，以"学会基本的数据管理"为主题，主要介绍数据管理的常用操作，同时利用案例介绍一些数据管理技巧，帮助大家正确、高效地完成 Excel 的相关技巧操作，积极提升我们的学习和工作效率。

7.1 知识索引——如何按照要求对数据表进行管理

7.1.1 数据的排序与筛选

1. 排序

数据排序的目的在于将数据清单中的无序记录整理为有序记录。

在 Excel 中，如果依据单元格中的数据进行排序，则排序可分为升序、降序和自定义序列 3 种。升序和降序是我们日常生活中常见的排序方式，而自定义序列指的是用户按照自己设定的排序规则排序。

1) 升序和降序

单击需要排序的数据区域，然后选择"数据"→"排序和筛选"功能区的 A 到 Z 升序或者 Z 到 A 降序，如图 7-1 所示。

升序和降序默认的排序依据是单元格中的数据（值）。文本型数据按照拼音字母顺序，A 到 Z 是升序，Z 到 A 是降序；数字型数据按照数字大小排序，从小到大是升序，反之是降序；逻辑型数据（TRUE 和 FALSE）按照首字母顺序排序，升序时，FALSE 在 TRUE 前面；日期型数据按照日期先后进行升序或者降序排序。

图 7-1　排序和筛选功能

2) 自定义排序

将鼠标停留在数据区域，单击图 7-1 中的排序功能按钮，弹出如图 7-2 所示的"排序"对话框。其中主要关键字只能有一个，可以通过单击"添加条件"按钮增加次要关键字，最多允许有 64 个排序关键字（Excel 2007 之前的版本只支持 3 个）。

3) 自定义排序与常用的升序、降序的区别

(1) 升序、降序操作是针对一列数据进行排序，而自定义排序既可以针对一列数据排序，也可以针对多列排序。对多列排序称为多关键字排序。

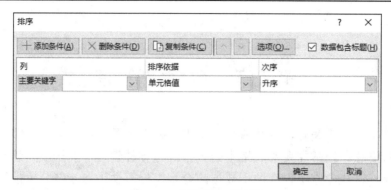

图 7-2 "排序"对话框

（2）升序、降序操作的排序依据默认是单元格值，而自定义排序的排序依据则增加到 4 项，包括单元格值、单元格颜色、字体颜色、条件格式图标，如图 7-3 所示。

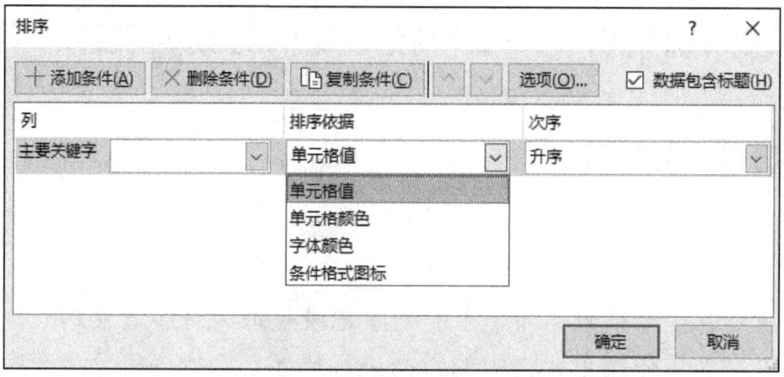

图 7-3 自定义排序的排序依据

对关键字按照单元格值排序，排序次序包括升序、降序和自定义序列。

后 3 种针对颜色和图标的排序，操作类似，都是通过对同列数据增加排序关键字，然后设定颜色或者图标的位置，具体案例见 7.3 节。

说明：4 种排序依据通过增加排序关键字，允许同时使用。

2. 筛选

数据筛选的目的是选出满足条件的记录，其他记录并不是被删除了，而是被隐藏了。 Excel 提供了两种数据筛选方法：自动筛选和高级筛选。

1）自动筛选

按选定的内容筛选，适合简单的条件。

自动筛选步骤：将鼠标停留在数据区域，单击"数据"→"排序和筛选"→"筛选"，根据条件筛选出满足要求的数据。筛选根据数据类型的不同，包括文本筛选、数字筛选、日期筛选，其中逻辑型数据采用的是数字筛选。

2）高级筛选

高级筛选适合复杂条件的筛选。

高级筛选步骤：按要求书写条件区域，单击"数据"→"排序和筛选"→"高级"，分别选中数据区域和条件区域，就可以根据高级筛选的条件完成数据筛选。

3) 如何书写条件区域

条件区域建议书写在数据区域下方，与数据区域分隔开。它至少包括两行，且首行与数据清单中相应的列标题精确匹配，而其他行则用来输入筛选条件。同一行上的条件关系为逻辑"与"，不同行之间为逻辑"或"。

切记：条件区域不能出现空行，因为空行与其他行之间也是逻辑"或"的关系，意味着什么条件都没，这样筛选的结果是所有记录。

7.1.2 数据的分类汇总

Excel 的分类汇总是将工作表数据按照某个字段(称为关键字段)进行分类,并按类进行数据汇总(求和、求平均、求最大值、求最小值、计数等)。有两种分类汇总，一种是简单分类汇总，一种是嵌套分类汇总。

1. 简单分类汇总(单字段分类汇总)

首先对分类字段排序，然后单击"数据"→"分级显示"→"分类汇总"，设置分类字段、汇总项和汇总方式。

2. 嵌套分类汇总(多字段分类汇总)

首先对要参与分类汇总的字段进行多关键字排序，然后单击"数据"→"分级显示"→"分类汇总"，设置第 1 次分类字段、汇总项和汇总方式；再次单击"数据"→"分级显示"→"分类汇总"，设置第 2 次分类字段、汇总项和汇总方式，然后单击"替换当前分类汇总"前面的选中标志，使其不被选中，然后确定即可。

经过分类汇总处理的数据表，单击左边的 1/2/3/4 就可以分级查看数据，单击"+"号可以展开数据，单击"-"号可以收起数据。

7.1.3 制作并打印工作表部分数据

当工作表很大时，有时只需查看工作表中的部分数据。可以使用 Excel 的拆分工作表和冻结工作表两个功能。在完成工作表的编辑、计算及图表操作后，通常需要对工作表进行打印。在打印前，往往需要做一些准备工作，如设置页面、设置打印区域等。

1. 拆分或冻结工作表数据

1) 拆分工作表

若要将同一张工作表中相隔较远的数据进行比较，可将工作表拆分为几个窗口，每个窗口都有完整的工作表数据，通过拖动滚动条即可将不同部分的数据分别在各个窗口中显示出来，这有助于对照比较工作表中的数据。

窗口的拆分可分为水平拆分、垂直拆分和水平垂直拆分 3 种方式。

2) 冻结工作表

Excel 提供的冻结工作表功能，可以实现将数据的标题固定在窗口中，使其不随窗口中内容的滚动而移动。这样，即便一个工作表中的数据很多时，也能清楚地查看任何一个数据所对应的标题，并知晓其含义。

窗口的冻结可分为冻结首行、冻结首列和冻结窗格 3 种方式。

2. 打印工作表

通常在完成对工作表数据的输入和编辑后，就可以将其打印输出。为了使打印出的工作表准确而清晰，符合用户的需求，往往要在打印之前做一些相应的设置。通过"页面布局"选项卡中的"页面设置"功能区，可以实现打印前页面设置的基础功能，包括页边距、纸张方向、纸张大小、打印区域、分隔符和打印标题等。

7.1.4 基础操作索引

1. 高级筛选

在"学生考勤表"中，筛选出 2023 年 12 月 30 日美术学院迟到、早退和旷课的学生。

问题解析：

如图 7-4 所示，48 行到 51 行是高级筛选的条件区域，与数据区域分隔开，至少空 1 行。其中 48 行是筛选条件的字段名，与第 1 行中的列标题精确匹配。根据题目意思，迟到、早退和旷课是逻辑"或"的关系，但是学院和日期都是必须满足的，所以设定了如图 7-4 所示的条件区域。

	A	B	C	D	E	F	G	H	I	J
1	学号	姓名	性别	学院	日期	正常	请假	迟到	早退	旷课
37	2023270136	邱睿涵	男	美术学院	2023/12/30			是		
38	2023270137	张淼	女	美术学院	2023/12/30					是
39	2023270138	刘一飞	男	美术学院	2023/12/30				是	
42	2023270141	陈萍萍	女	美术学院	2023/12/30			是		
43	2023270142	张歌	女	美术学院	2023/12/30				是	
47										
48				学院	日期	迟到	早退	旷课		
49				美术学院	2023/12/30	是				
50				美术学院	2023/12/30		是			
51				美术学院	2023/12/30			是		

图 7-4 高级筛选条件区域

说明：

(1) 无论哪种筛选方式，如果出错，单击"数据"→"排序和筛选"→"清除"就可以显示出所有数据，清除筛选条件后，即可重新做正确的筛选。

(2) 若要清除筛选标志，可以再次单击筛选标志。

2. 拆分冻结工作表

1) 拆分工作表

在"学生考勤表"中，同时查看学号为"2023010107"和"2023270138"两名学生的出勤情况；在"学生信息表"中，查看对应学生的姓名和联系方式。

(1) 水平拆分。选中第 A 列除第 1 行以外的任意一个单元格，使用"视图"工具卡中的拆分功能，其结果如图 7-5 所示。

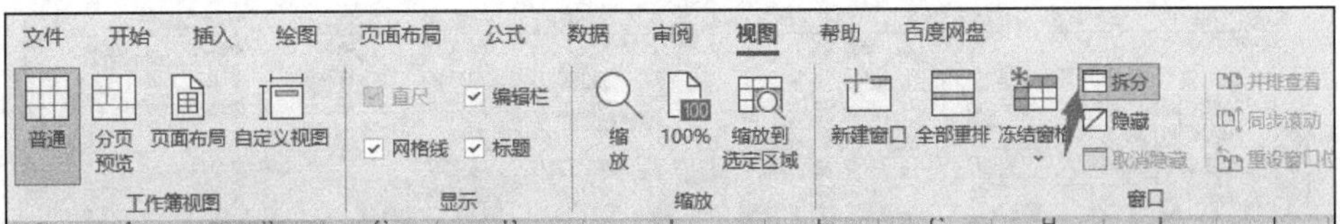

图 7-5　水平拆分窗口

(2)垂直拆分。选中第 1 行除 A 列以外的任意一个单元格，再使用拆分功能可形成两个完整的窗口，利用两个窗口中的水平滚动条调整工作表中需要查看的数据表内容，其结果如图 7-6 所示。

图 7-6　垂直拆分窗口

(3)水平垂直拆分。将活动单元格放在除第 A 列和第 1 行以外的任意一个单元格中，再使用拆分功能即可形成 4 个完整的窗口，如图 7-7 所示。

2)冻结工作表

在"学生成绩表"中冻结标题行；在"学生信息表"中，冻结第 1 列，查看对应学生的学号和身份证号；在"学生信息表"中，查看对应学生的学号、姓名和身份证号。

	A	B	C	D	E	A	B	C	D	E
1	学号	姓名	性别	学院	年龄	学号	姓名	性别	学院	年龄
2	2023010101	曹玲玲	女	文学院	18	2023010101	曹玲玲	女	文学院	18
3	2023010102	邓婷	女	文学院	17	2023010102	邓婷	女	文学院	17
4	2023010103	方明	男	文学院	19	2023010103	方明	男	文学院	19
5	2023010104	冯绍峰	男	文学院	18	2023010104	冯绍峰	男	文学院	18
6	2023010105	龚雪丽	女	文学院	18	2023010105	龚雪丽	女	文学院	18
7	2023010106	黄小宇	男	文学院	17	2023010106	黄小宇	男	文学院	17
8	2023010107	江潇潇	女	文学院	17	2023010107	江潇潇	女	文学院	17
9	2023010108	谭艺林	女	文学院	18	2023010108	谭艺林	女	文学院	18
10	2023010109	李晨曦	女	文学院	17	2023010109	李晨曦	女	文学院	17
11	2023010110	文静	女	文学院	18	2023010110	文静	女	文学院	18
12	2023120111	蔡晓菲	女	经管学院	18	2023120111	蔡晓菲	女	经管学院	18
13	2023120112	曹丹	女	经管学院	18	2023120112	曹丹	女	经管学院	18
14	2023120113	陈一峰	男	经管学院	18	2023120113	陈一峰	男	经管学院	18
15	2023120114	邓燕	女	经管学院	17	2023120114	邓燕	女	经管学院	17
16	2023120115	高潘子	男	经管学院	19	2023120115	高潘子	男	经管学院	19
17	2023120116	何方	男	经管学院	18	2023120116	何方	男	经管学院	18
18	2023120117	张敏	女	经管学院	17	2023120117	张敏	女	经管学院	17
19	2023120118	叶启华	男	经管学院	18	2023120118	叶启华	男	经管学院	18
20	2023120119	叶子	女	经管学院	17	2023120119	叶子	女	经管学院	17
21	2023120120	张芳菲	女	经管学院	17	2023120120	张芳菲	女	经管学院	17

1	学号	姓名	性别	学院	年龄	学号	姓名	性别	学院	年龄
2	2023010101	曹玲玲	女	文学院	18	2023010101	曹玲玲	女	文学院	18
3	2023010102	邓婷	女	文学院	17	2023010102	邓婷	女	文学院	17
4	2023010103	方明	男	文学院	19	2023010103	方明	男	文学院	19
5	2023010104	冯绍峰	男	文学院	18	2023010104	冯绍峰	男	文学院	18
6	2023010105	龚雪丽	女	文学院	18	2023010105	龚雪丽	女	文学院	18
7	2023010106	黄小宇	男	文学院	17	2023010106	黄小宇	男	文学院	17
8	2023010107	江潇潇	女	文学院	17	2023010107	江潇潇	女	文学院	17
9	2023010108	谭艺林	女	文学院	18	2023010108	谭艺林	女	文学院	18
10	2023010109	李晨曦	女	文学院	17	2023010109	李晨曦	女	文学院	17
11	2023010110	文静	女	文学院	18	2023010110	文静	女	文学院	18
12	2023120111	蔡晓菲	女	经管学院	18	2023120111	蔡晓菲	女	经管学院	18
13	2023120112	曹丹	女	经管学院	18	2023120112	曹丹	女	经管学院	18
14	2023120113	陈一峰	男	经管学院	18	2023120113	陈一峰	男	经管学院	18
15	2023120114	邓燕	女	经管学院	17	2023120114	邓燕	女	经管学院	17
16	2023120115	高潘子	男	经管学院	19	2023120115	高潘子	男	经管学院	19
17	2023120116	何方	男	经管学院	18	2023120116	何方	男	经管学院	18
18	2023120117	张敏	女	经管学院	17	2023120117	张敏	女	经管学院	17
19	2023120118	叶启华	男	经管学院		2023120118	叶启华	男	经管学院	18

图 7-7　水平垂直拆分窗口

(1)冻结首行。无论窗口中的数据怎么滚动，数据表标题始终显示在当前窗口中，因此表中数据的含义一目了然，如图 7-8 所示。

1	学号	姓名	性别	学院	英语	计算机	思想道德修养	总分	平均分	等级	排名
29	2023030128	赵悦悦	女	外国语学院	76	81	73	230	76.7	及格	24
30	2023030129	曾宁	女	外国语学院	81	86	64	231	77.0	及格	23
31	2023030130	张娜	女	外国语学院	82	55	67	204	68.0	及格	43
32	2023030131	周一彤	女	外国语学院	59	92	82	233	77.7	及格	20
33	2023030132	李思思	女	外国语学院	76	73	76	225	75.0	及格	29
34	2023030133	赵智	男	外国语学院	67	91	86	244	81.3	良好	13
35	2023270134	崔杰	男	美术学院	88	85	79	252	84.0	良好	9
36	2023270135	方萌萌	女	美术学院	62	81	86	229	76.3	及格	26
37	2023270136	邱睿涵	男	美术学院	82	92	98	272	90.7	优秀	1
38	2023270137	张淼	女	美术学院	67	88	81	236	78.7	及格	17
39	2023270138	刘一飞	男	美术学院	50	88	69	207	69.0	及格	40
40	2023270139	刘垚	男	美术学院	62	59	87	208	69.3	及格	37
41	2023270140	罗晓月	女	美术学院	85	91	73	249	83.0	良好	11
42	2023270141	陈萍萍	女	美术学院	51	81	98	230	76.7	及格	24
43	2023270142	张歌	女	美术学院	76	62	50	188	62.7	及格	45
44	2023270143	丁点儿	女	美术学院	60	83	93	236	78.7	及格	17
45	2023270144	周峰	男	美术学院	90	77	92	259	86.3	良好	7
46	2023270145	谢欣怡	女	美术学院	95	96	72	263	87.7	良好	5

图 7-8　冻结成绩表的首行

(2)冻结首列。无论窗口中的数据怎么滚动，数据表第 1 列始终显示在当前窗口中，因此表中数据的含义一目了然，如图 7-9 所示。

▲	A	G	H	I	J
1	学号	身份证号	出生日期	联系方式	党员
2	2023010101	51011320050306	20050306	1395205	FALSE
3	2023010102	51015320060109	20060109	1516604	FALSE
4	2023010103	51011320040506	20040506	1583254	TRUE
5	2023010104	51011420050317	20050317	1388630	FALSE
6	2023010105	51010620051105	20051105	1367632	FALSE
7	2023010106	51018120061022	20061022	1898326	FALSE
8	2023010107	37020320060406	20060406	1361743	FALSE
9	2023010108	51030120050207	20050207	1396868	FALSE
10	2023010109	51040220060212	20060212	1350357	FALSE
11	2023010110	51062320050526	20050526	1898080	FALSE
12	2023120111	50010920051225	20051225	1560980	FALSE
13	2023120112	51078120050502	20050502	1898325	TRUE
14	2023120113	51010820051224	20051224	1802256	FALSE
15	2023120114	51072220060218	20060218	1372346	FALSE
16	2023120115	51010620041005	20041005	1810346	FALSE
17	2023120116	51082220050315	20050315	1731193	FALSE
18	2023120117	51070020060102	20060102	1739802	FALSE
19	2023120118	51010520051021	20051021	1810342	FALSE
20	2023120119	51130020060518	20060518	1898213	FALSE
21	2023120120	51010520061211	20061211	1893215	FALSE
22	2023120121	44080120050321	20050321	1882827	FALSE
23	2023030122	51010820060101	20060101	1393215	FALSE
24	2023030123	51010420050614	20050614	1371223	FALSE
25	2023030124	41010220050214	20050214	1899456	FALSE
26	2023030125	51050220050505	20050505	1389023	TRUE
27	2023030126	51070320050219	20050219	1812314	FALSE
28	2023030127	51081120060111	20060111	1561375	FALSE

图 7-9 冻结信息表的首列

(3)冻结窗格。选择工作表中任意单元格,进行更自由的冻结窗格。选择 C11 单元格,如图 7-10 所示,进行冻结窗格,结果如图 7-11 所示。

▲	A	B	C	D	E	F	G	H	I
1	学号	姓名	性别	学院	年龄	身份证号	出生日期	联系方式	党员
2	2023010101	曹玲玲	女	文学院	18	51011320050306	20050306	1395205	FALSE
3	2023010102	邓婷	女	文学院	17	51015320060109	20060109	1516604	FALSE
4	2023010103	方明	男	文学院	19	51011320040506	20040506	1583254	TRUE
5	2023010104	冯绍峰	男	文学院	18	51011420050317	20050317	1388630	FALSE
6	2023010105	龚雪丽	女	文学院	18	51010620051105	20051105	1367632	FALSE
7	2023010106	黄小宇	男	文学院	17	51018120061022	20061022	1898326	FALSE
8	2023010107	江潇潇	女	文学院	17	37020320060406	20060406	1361743	FALSE
9	2023010108	谭艺林	女	文学院	18	51030120050207	20050207	1396868	FALSE
10	2023010109	李晨曦	女	文学院	18	51040220060212	20060212	1350357	FALSE
11	2023010110	文静	女	文学院	18	51062320050526	20050526	1898080	FALSE
12	2023120111	蔡晓菲	女	经管学院	18	50010920051225	20051225	1560980	FALSE
13	2023120112	曹丹	女	经管学院	18	51078120050502	20050502	1898325	TRUE
14	2023120113	陈一峰	男	经管学院	18	51010820051224	20051224	1802256	FALSE
15	2023120114	邓燕	女	经管学院	18	51072220060218	20060218	1372346	FALSE
16	2023120115	高潘子	男	经管学院	19	51010620041005	20041005	1810346	FALSE
17	2023120116	何方	男	经管学院	18	51082220050315	20050315	1731193	FALSE
18	2023120117	张敏	女	经管学院	17	51070020060102	20060102	1739802	FALSE
19	2023120118	叶启华	男	经管学院	18	51010520051021	20051021	1810342	FALSE
20	2023120119	叶子	女	经管学院	18	51130020060518	20060518	1898213	FALSE
21	2023120120	张芳菲	女	经管学院	17	51010520061211	20061211	1893215	FALSE
22	2023120121	郑义	男	经管学院	18	44080120050321	20050321	1882827	FALSE
23	2023030122	安心妍	女	外国语学院	17	51010820060101	20060101	1393215	FALSE
24	2023030123	郭佳佳	女	外国语学院	18	51010420050614	20050614	1371223	FALSE

图 7-10 冻结窗格前

	A	B	F	G	H
1	学号	姓名	身份证号	出生日期	联系方式
2	2023010101	曹玲玲	51011320050306	20050306	1395205
3	2023010102	邓婷	51015320060109	20060109	1516604
4	2023010103	方明	51011320040506	20040506	1583254
5	2023010104	冯绍峰	51011420050317	20050317	1388630
6	2023010105	龚雪丽	51010620051105	20051105	1367632
7	2023010106	黄小宇	51018120061022	20061022	1898326
8	2023010107	江潇潇	37020320060406	20060406	1361743
9	2023010108	谭艺林	51030120050207	20050207	1396868
10	2023010109	李晨曦	51040220060212	20060212	1350357
35	2023270134	崔杰	51010420041224	20041224	1372367
36	2023270135	方萌萌	51150220050723	20050723	1731223
37	2023270136	邱睿涵	51010620050516	20050516	1362354
38	2023270137	张淼	51170220051026	20051026	1392126
39	2023270138	刘一飞	51190220060123	20060123	1801166
40	2023270139	刘垚	51160220050328	20050328	1368321
41	2023270140	罗晓月	44180120061227	20061227	1390816
42	2023270141	陈萍萍	51010620050808	20050808	1736915
43	2023270142	张歌	51010320061123	20061123	1898912
44	2023270143	丁点儿	51180220060416	20060416	1301124
45	2023270144	周峰	51200220050609	20050609	1880215
46	2023270145	谢欣怡	51010220051207	20051207	1892647

图 7-11　冻结窗格后

7.2　案例分析——常用的数据管理操作

案例 7-1　数据排序

对“案例 7-1 素材.xlsx”和“案例 7-2 素材.xlsx”中的数据实现排序功能。要求如下：

(1) 打开“案例 7-1 素材.xlsx”，将工作表重命名为“学生考勤表排序”。

(2) 对“学生考勤表排序”中的“姓名”做升序排序，结果如图 7-12 所示。

	A	B	C	D	E	F	G	H	I	J
1	学号	姓名	性别	学院	日期	正常	请假	迟到	早退	旷课
2	2023030122	安心妍	女	外国语学院	2023/12/1	是				
3	2023120111	蔡晓菲	女	经管学院	2023/11/19	是				
4	2023120112	曹丹	女	经管学院	2023/11/19	是				
5	2023010101	曹玲玲	女	文学院	2023/10/8	是				
6	2023030129	曾宁	女	外国语学院	2023/12/21	是				
7	2023030127	曾晓敏	女	外国语学院	2023/12/21	是				
8	2023270141	陈萍萍	女	美术学院	2023/12/30			是		
9	2023120113	陈一峰	男	经管学院	2023/11/19	是				
10	2023270134	崔杰	男	美术学院	2023/12/21	是				
11	2023010102	邓婷	女	文学院	2023/10/8		是			
12	2023120114	邓燕	女	经管学院	2023/11/19	是				
13	2023270143	丁点儿	女	美术学院	2023/12/30	是				
14	2023270135	方萌萌	女	美术学院	2023/12/21		是			
15	2023010103	方明	男	文学院	2023/10/8	是				
16	2023010104	冯少峰	男	文学院	2023/10/8					是
17	2023120115	高潘子	男	经管学院	2023/12/1	是				
18	2023010105	龚雪丽	女	文学院	2023/10/8				是	
19	2023030123	郭佳佳	女	外国语学院	2023/12/1	是				
20	2023120116	何方	男	经管学院	2023/12/1	是				
21	2023030124	何鑫	男	外国语学院	2023/12/1	是				
22	2023010106	黄小宇	男	文学院	2023/11/19	是				
23	2023010107	江潇潇	女	文学院	2023/11/19	是				
24	2023010109	李晨曦	女	文学院	2023/11/19				是	
25	2023030132	李思思	女	外国语学院	2023/12/21	是				
26	2023030125	刘笑	男	外国语学院	2023/12/21	是				
27	2023270139	刘垚	男	美术学院	2023/12/30	是				
28	2023270138	刘一飞	男	美术学院	2023/12/30				是	
29	2023270140	罗晓月	女	美术学院	2023/12/30	是				
30	2023270136	邱睿涵	男	美术学院	2023/12/30			是		
31	2023010108	谭艺林	女	文学院	2023/11/19			是		
32	2023030126	王雨婷	女	外国语学院	2023/12/21	是				
33	2023010110	文静	女	文学院	2023/11/19	是				
34	2023270145	谢欣怡	女	美术学院	2023/12/30	是				
35	2023120118	叶启华	男	经管学院	2023/12/1	是				
36	2023120119	叶子	女	经管学院	2023/12/1	是				
37	2023120120	张芳菲	女	经管学院	2023/12/1		是			
38	2023270142	张歌	女	美术学院	2023/12/30				是	
39	2023270137	张淼	女	美术学院	2023/12/30					是
40	2023120117	张敏	女	经管学院	2023/12/1	是				
41	2023030130	张娜	女	外国语学院	2023/12/21		是			
42	2023030128	赵悦悦	女	外国语学院	2023/12/21	是				
43	2023030133	赵智	男	外国语学院	2023/12/21	是				
44	2023120121	郑义	男	经管学院	2023/12/1			是		
45	2023270144	周峰	男	美术学院	2023/12/30		是			
46	2023030131	周一彤	女	外国语学院	2023/12/21	是				
47										

图 7-12　对“姓名”列做升序排序

（3）打开"案例 7-2 素材.xlsx"，将工作表重命名为"学生成绩表排序"。以"性别"作为第 1 关键字按升序排列；以"学院"作为第 2 关键字，按照"美术学院、外国语学院、经管学院、文学院"的顺序排序；以"总分"作为第 3 关键字降序排列，如图 7-13 所示。排序结果如图 7-14 所示。

（4）保存。

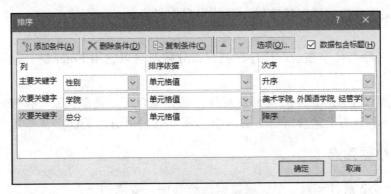

图 7-13　多关键字排序设置

	A	B	C	D	E	F	G	H	I	J	K
1	学号	姓名	性别	学院	英语	计算机	思想道德修养	总分	平均分	等级	排名
2	2023270136	邱睿涵	男	美术学院	82	92	98	272	90.7	优秀	1
3	2023270144	周峰	男	美术学院	90	77	92	259	86.3	良好	7
4	2023270134	崔杰	男	美术学院	88	85	79	252	84.0	良好	9
5	2023270139	刘垚	男	美术学院	62	59	87	208	69.3	及格	37
6	2023270138	刘一飞	男	美术学院	50	88	69	207	69.0	及格	40
7	2023030124	何鑫	男	外国语学院	88	92	90	270	90.0	优秀	2
8	2023030133	赵智	男	外国语学院	67	91	86	244	81.3	良好	13
9	2023030125	刘笑	男	外国语学院	60	84	98	242	80.7	良好	14
10	2023120113	陈一峰	男	经管学院	79	97	89	265	88.3	良好	4
11	2023120116	何方	男	经管学院	86	77	83	246	82.0	良好	12
12	2023120118	叶启华	男	经管学院	95	78	51	224	74.7	及格	30
13	2023120121	郑义	男	经管学院	51	78	85	214	71.3	及格	33
14	2023120115	高潘子	男	经管学院	72	78	57	207	69.0	及格	40
15	2023010106	黄小宇	男	文学院	70	87	94	251	83.7	良好	10
16	2023010104	冯绍峰	男	文学院	55	71	85	211	70.3	及格	35
17	2023010103	方明	男	文学院	50	68	89	207	69.0	及格	40
18	2023270145	谢欣怡	女	美术学院	95	96	72	263	87.7	良好	5
19	2023270140	罗晓月	女	美术学院	85	91	73	249	83.0	良好	11
20	2023270137	张淼	女	美术学院	67	88	81	236	78.7	及格	17
21	2023270143	丁点儿	女	美术学院	60	83	93	236	78.7	及格	17
22	2023270141	陈萍萍	女	美术学院	51	81	98	230	76.7	及格	24
23	2023270135	方萌萌	女	美术学院	62	81	86	229	76.3	及格	26
24	2023270142	张歌	女	美术学院	76	62	50	188	62.7	及格	45
25	2023030122	安心妍	女	外国语学院	65	99	92	256	85.3	良好	8
26	2023030123	郭佳佳	女	外国语学院	72	72	96	240	80.0	良好	15
27	2023030127	曾晓敏	女	外国语学院	80	95	64	239	79.7	及格	16
28	2023030126	王雨婷	女	外国语学院	91	78	66	235	78.3	及格	19
29	2023030131	周一彤	女	外国语学院	59	92	82	233	77.7	及格	20
30	2023030129	曾宁	女	外国语学院	81	86	64	231	77.0	及格	23
31	2023030128	赵悦悦	女	外国语学院	76	81	73	230	76.7	及格	24
32	2023030132	李思思	女	外国语学院	76	73	76	225	75.0	及格	29
33	2023030130	张娜	女	外国语学院	82	55	67	204	68.0	及格	43
34	2023120120	张芳菲	女	经管学院	89	99	80	268	89.3	良好	3
35	2023120111	蔡晓菲	女	经管学院	56	100	63	219	73.0	及格	32
36	2023120119	叶子	女	经管学院	72	68	71	211	70.3	及格	35
37	2023120112	曹丹	女	经管学院	62	81	65	208	69.3	及格	37
38	2023120117	张敏	女	经管学院	60	58	90	208	69.3	及格	37
39	2023120114	邓燕	女	经管学院	73	70	53	196	65.3	及格	44
40	2023010107	江潇潇	女	文学院	96	97	70	263	87.7	良好	5
41	2023010101	青玲玲	女	文学院	78	72	83	233	77.7	及格	20
42	2023010105	龚雪丽	女	文学院	74	63	96	233	77.7	及格	20
43	2023010108	谭艺林	女	文学院	77	50	100	227	75.7	及格	27
44	2023010102	邓婷	女	文学院	70	66	90	226	75.3	及格	28
45	2023010109	李晨曦	女	文学院	97	75	50	222	74.0	及格	31
46	2023010110	文静	女	文学院	70	65	79	214	71.3	及格	33

图 7-14　多关键字排序结果

　　问题解析：

　　(1)按"姓名"字段升序排序，属于简单排序。将鼠标停留在"姓名"列，然后单击"数据"→"排序和筛选"→"升序"。

　　(2)多关键字排序，将鼠标停留在数据区域，单击"数据"→"排序和筛选"→"排序"，增加两个次要关键字，分别按照题目要求进行设置。按照"美术学院、外国语学院、经管学院、文学院"的顺序排序时，要使用自定义序列。

　　说明：

　　(1)自定义序列排序在录入排序序列时，分隔符可以使用 Enter 键，也可以使用英文逗号。

　　(2)排序操作不难，但是要能够解释排序的结果，尤其是多关键字排序，主关键字先起作用，区分不开的记录启用第 2 关键字，还可以启用第 3 关键字甚至更多的关键字。

案例 7-2　数据筛选

　　在"案例 7-2 素材.xlsx"中实现数据筛选功能。要求如下：

　　(1)将"学生成绩表"数据区域复制到"学生成绩表筛选 1"、"学生成绩表筛选 2"、"学生成绩表筛选 3"、"学生成绩表筛选 4"和"学生成绩表筛选 5"中。

　　(2)在"学生成绩筛选表 1"中，筛选出平均分 80 以下的学生，筛选条件设置如图 7-15 所示，结果如图 7-16 所示。

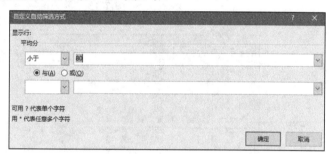

图 7-15　平均分小于 80 的筛选条件设置

	A	B	C	D	E	F	G	H	I	J	K
1	学号	姓名	性别	学院	英语	计算机	思想道德	总分	平均分	等级	排名
2	2023010101	曹玲玲	女	文学院	78	72	83	233	77.7	及格	20
3	2023010102	邓婷	女	文学院	70	66	90	226	75.3	及格	28
4	2023010103	方明	男	文学院	50	68	89	207	69.0	及格	40
5	2023010104	冯绍峰	男	文学院	55	71	85	211	70.3	及格	35
6	2023010105	龚雪丽	女	文学院	74	63	96	233	77.7	及格	20
9	2023010108	谭艺林	女	文学院	77	50	100	227	75.7	及格	27
10	2023010109	李晨曦	女	文学院	97	75	50	222	74.0	及格	31
11	2023010110	文静	女	文学院	70	65	79	214	71.3	及格	33
12	2023120111	蔡晓菲	女	经管学院	56	100	63	219	73.0	及格	32
13	2023120112	曹丹	女	经管学院	62	81	65	208	69.3	及格	37
15	2023120114	邓燕	女	经管学院	73	70	53	196	65.3	及格	44
16	2023120115	高潘子	男	经管学院	72	78	57	207	69.0	及格	40
18	2023120117	张敏	女	经管学院	60	58	90	208	69.3	及格	37
19	2023120118	叶启华	男	经管学院	95	78	51	224	74.7	及格	30
20	2023120119	叶子	女	经管学院	72	68	71	211	70.3	及格	35
22	2023120121	郑义	男	经管学院	51	78	85	214	71.3	及格	33
27	2023030126	王雨婷	女	外国语学院	91	78	66	235	78.3	及格	19
28	2023030127	曾晓敏	女	外国语学院	80	95	64	239	79.7	及格	16
29	2023030128	赵悦悦	女	外国语学院	76	81	73	230	76.7	及格	24
30	2023030129	曾宁	女	外国语学院	81	86	64	231	77.0	及格	23
31	2023030130	张娜	女	外国语学院	82	55	67	204	68.0	及格	43
32	2023030131	周一彤	女	外国语学院	59	92	82	233	77.7	及格	20
33	2023030132	李思思	女	外国语学院	76	73	76	225	75.0	及格	29
36	2023270135	方萌萌	女	美术学院	62	81	86	229	76.3	及格	26
38	2023270137	张淼	女	美术学院	67	88	81	236	78.7	及格	17
39	2023270138	刘一飞	男	美术学院	50	88	69	207	69.0	及格	40
40	2023270139	刘垚	男	美术学院	62	59	87	208	69.3	及格	37
42	2023270141	陈萍萍	女	美术学院	51	81	98	230	76.7	及格	24
43	2023270142	张歌	女	美术学院	76	62	50	188	62.7	及格	45
44	2023270143	丁点儿	女	美术学院	60	83	93	236	78.7	及格	17

图 7-16　平均分小于 80 的筛选结果

(3) 在"学生成绩筛选表 2"中，筛选出姓"曹"的学生，筛选条件设置如图 7-17 和图 7-18 所示，结果如图 7-19 所示。

图 7-17　筛选出姓"曹"的学生条件设置界面 1

图 7-18　筛选出姓"曹"的学生条件设置界面 2

	学号	姓名	性别	学院	英语	计算机	思想道德	总分	平均分	等级	排名
2	2023010101	曹玲玲	女	文学院	78	72	83	233	77.7	及格	20
13	2023120112	曹丹	女	经管学院	62	81	65	208	69.3	及格	37

图 7-19　筛选出姓"曹"的学生结果

(4) 在"学生成绩筛选表 3"和"学生成绩表筛选 4"中，用自动筛选和高级筛选两种方法筛选出经管学院 3 门课都及格的学生，结果如图 7-20 和图 7-21 所示。

(5) 在"学生成绩筛选表 5"中，用高级筛选筛选出"计算机""英语""思想道德修养"3 门课成绩至少一门不及格的学生，结果如图 7-22 所示。

(6) 保存。

	A	B	C	D	E	F	G	H	I	J	K
1	学号	姓名	性别	学院	英语	计算机	思想道德	总分	平均分	等级	排名
13	2023120112	曹丹	女	经管学院	62	81	65	208	69.3	及格	37
14	2023120113	陈一峰	男	经管学院	79	97	89	265	88.3	良好	4
17	2023120116	何方	男	经管学院	86	77	83	246	82.0	良好	12
20	2023120119	叶子	女	经管学院	72	68	71	211	70.3	及格	35
21	2023120120	张芳菲	女	经管学院	89	99	80	268	89.3	良好	3

图 7-20　经管学院 3 门课都及格的学生自动筛选的结果

	A	B	C	D	E	F	G	H	I	J	K
1	学号	姓名	性别	学院	英语	计算机	思想道德修养	总分	平均分	等级	排名
13	2023120112	曹丹	女	经管学院	62	81	65	208	69.3	及格	37
14	2023120113	陈一峰	男	经管学院	79	97	89	265	88.3	良好	4
17	2023120116	何方	男	经管学院	86	77	83	246	82.0	良好	12
20	2023120119	叶子	女	经管学院	72	68	71	211	70.3	及格	35
21	2023120120	张芳菲	女	经管学院	89	99	80	268	89.3	良好	3
47											
48				学院	英语	计算机	思想道德修养				
49				经管学院	>=60	>=60	>=60				

图 7-21　经管学院 3 门课都及格的学生高级筛选的结果

	A	B	C	D	E	F	G	H	I	J	K
1	学号	姓名	性别	学院	英语	计算机	思想道德修养	总分	平均分	等级	排名
4	2023010103	方明	男	文学院	50	68	89	207	69.0	及格	40
5	2023010104	冯绍峰	男	文学院	55	71	85	211	70.3	及格	35
9	2023010108	谭艺林	女	文学院	77	50	100	227	75.7	及格	27
10	2023010109	李晨曦	女	文学院	97	75	50	222	74.0	及格	31
12	2023120111	蔡晓菲	女	经管学院	56	100	63	219	73.0	及格	32
15	2023120114	邓燕	女	经管学院	73	70	53	196	65.3	及格	44
16	2023120115	高潇子	男	经管学院	72	78	57	207	69.0	及格	40
18	2023120117	张敏	女	经管学院	60	58	90	208	69.3	及格	37
19	2023120118	叶启华	男	经管学院	95	78	51	224	74.7	及格	30
22	2023120121	郑义	男	经管学院	51	78	85	214	71.3	及格	33
31	2023030130	张娜	女	外国语学院	82	55	67	204	68.0	及格	43
32	2023030131	周一彤	女	外国语学院	59	92	82	233	77.7	及格	20
39	2023270138	刘一飞	男	美术学院	50	88	69	207	69.0	及格	40
40	2023270139	刘垚	男	美术学院	62	59	87	208	69.3	及格	37
42	2023270141	陈萍萍	女	美术学院	51	81	98	230	76.7	及格	24
43	2023270142	张歌	女	美术学院	76	62	50	188	62.7	及格	45
47											
48					英语	计算机	思想道德修养				
49					<60						
50						<60					
51							<60				

图 7-22　高级筛选实现 3 门课至少一门不及格的结果

问题解析：

(1)将"学生成绩表"复制 5 份，分别重命名为"学生成绩表筛选 1""学生成绩表筛选 2""学生成绩表筛选 3""学生成绩表筛选 4""学生成绩表筛选 5"。

(2)筛选平均分 80 以下，属于数字筛选。增加筛选标记，找到对应列，单击下三角打开选择合适的命令。

(3)筛选出姓"曹"的学生，属于文字筛选，按照我们的命名习惯，姓氏在前，所以用的命令是"开头是"。

(4)筛选出经管学院 3 门课都及格的学生，这是并列关系，对 3 列分别自动筛选，条件是">=60"。对这个问题用高级筛选实现，需要书写筛选条件，同行是并列关系。

(5)用高级筛选求出"计算机""英语""思想道德修养"有一门不及格的学生，这个条件是或关系，不及格是"<60"，分行书写即可。

说明：

（1）建议将条件区域放在数据区域下方，最少间隔一行。

（2）在进行高级筛选操作时，一定要核对默认的数据区域是否正确，条件区域选择千万不能有空行。

案例 7-3　数据分类汇总

在"案例 7-3 素材.xlsx"中实现数据分类汇总。要求如下：

（1）将"学生成绩表"数据区域复制到"学生成绩表简单分类汇总"和"学生成绩表嵌套分类汇总"。

（2）在"学生成绩表简单分类汇总"中，按照不同学院分别统计英语、计算机和思想道德修养的最高分（分类字段"学院"升序排列），显示 2 级分类汇总结果，如图 7-23、图 7-24 所示。

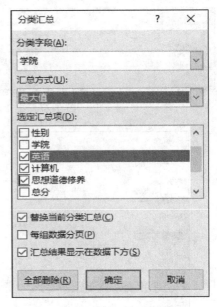

图 7-23　简单分类汇总设置

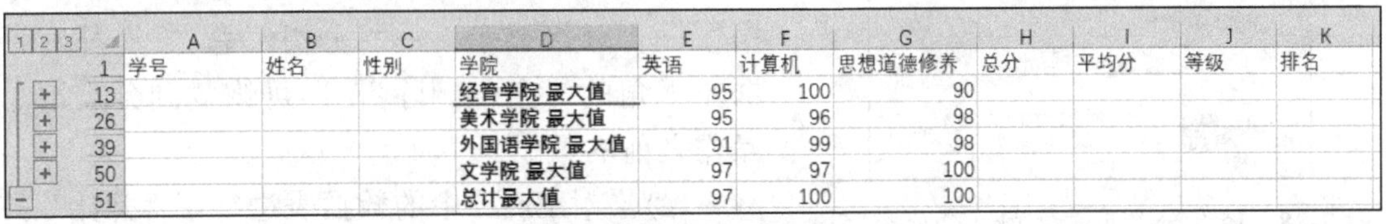

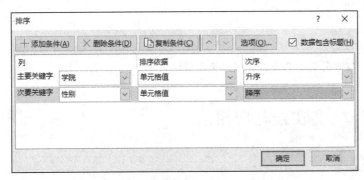

图 7-24　简单分类汇总

（3）在"学生成绩表嵌套分类汇总"中，按照学院和性别分别统计计算机、英语和思想道德修养的平均分（分类字段"学院"升序、"性别"降序），保留一位小数，显示 3 级分类汇总结果。整个过程如图 7-25～图 7-29 所示。

（4）保存。

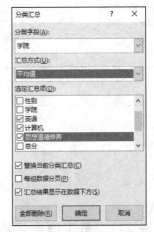

图 7-25　嵌套分类汇总之多关键字排序

图 7-26　嵌套分类汇总之第 1 个分类字段汇总参数设置

1 2 3		A	B	C	D	英语	计算机	思想道德修养	总分	平均分	等级	排名
	1	学号	姓名	性别	学院	英语	计算机	思想道德修养	总分	平均分	等级	排名
+	13				经管学院 平	72.27272727	80.36363636	71.54545455				
+	26				美术学院 平	72.33333333	81.91666667	81.5				
+	39				外国语学院	74.75	83.16666667	79.5				
+	50				文学院 平均	73.7		71.4	83.6			
−	51				总计平均值	73.26666667	79.53333333	79				

图 7-27　第 1 个分类字段"学院"分类汇总结果

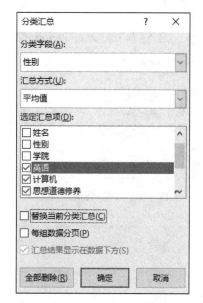

图 7-28　嵌套分类汇总之第 2 个分类字段
"性别"汇总参数设置

问题解析：

（1）简单分类汇总和嵌套分类汇总都需要对分类字段进行排序。简单分类汇总是对某一列排序，嵌套分类汇总是对多个关键字排序。

（2）进行嵌套分类汇总时，第 2 次一定要去掉设置下方的"替换当前分类汇总"左边的选中标记。

（3）保留一位小数，可以在最后选中数据区域统一设置单元格格式。

说明：

（1）如果出错或者不想分类汇总了，单击"数据"→"分级显示"→"分类汇总"，选择对话框左下角的"全部删除"，即可恢复到分类汇总操作之前的数据。

（2）当对 Excel 中的数据表进行了"开始"→"样式"→"套用表格样式"功能后，则无法使用分类汇总功能。

1 2 3 4		A	B	C	D	英语	计算机	思想道德修养	总分	平均分	等级	排名
	1	学号	姓名	性别	学院	英语	计算机	思想道德修养	总分	平均分	等级	排名
+	8			女 平均值		68.7	79.3	70.3				
+	14			男 平均值		76.6	81.6	73.0				
−	15				经管学院 平均值	72.3	80.4	71.5				
+	23			女 平均值		70.9	83.1	79.0				
+	29			男 平均值		74.4	80.2	85.0				
−	30				美术学院 平均值	72.3	81.9	81.5				
+	40			女 平均值		75.8	81.2	75.6				
+	44			男 平均值		71.7	89.0	91.3				
−	45				外国语学院 平均值	74.8	83.2	79.5				
+	53			女 平均值		80.3	69.7	81.1				
+	57			男 平均值		58.3	75.3	89.3				
−	58				文学院 平均值	73.7	71.4	83.6				
−	59				总计平均值	73.3	79.5	79.0				

图 7-29　嵌套分类汇总最终 3 级分类汇总结果

7.3　实践与应用

实践 7-1　员工信息表排序

依次完成数据表的对应列操作。

（1）打开"实践 7-1 素材.xlsx"工作簿，重命名第 1 张工作表名为"员工信息表"。将该工作表复制 5 份，分别命名为"按照年龄列单元格颜色排序"、"按照部门列字体颜色排序"、"按照条件格式图标排序"、"按照学历自定义排序"和"多关键字排序"，如图 7-30 所示。

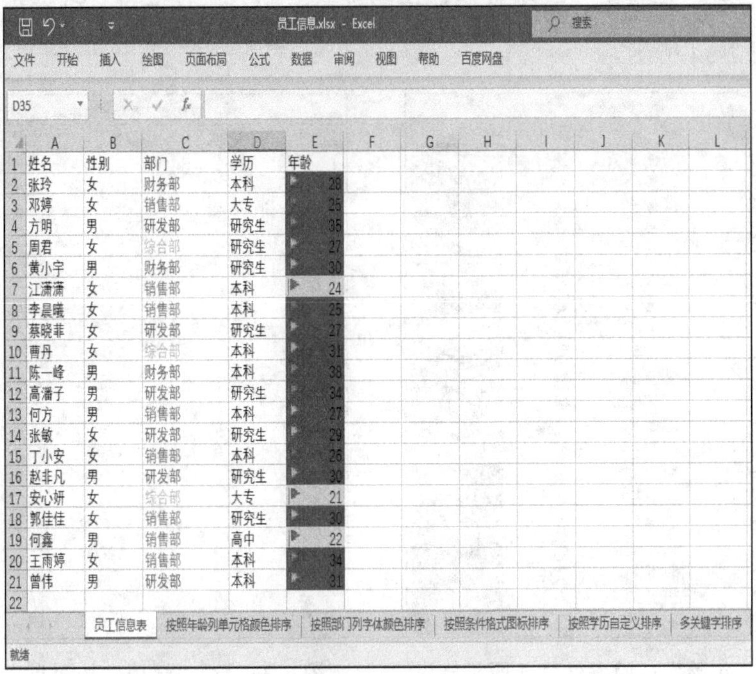

图 7-30　工作表命名

(2)在第 2 个工作表中，对"年龄"按照单元格颜色排序，由上到下依次为"红色，紫色，黄色"，如图 7-31 所示。

(3)在第 3 个工作表中，对"部门"按照字体颜色排序，由上到下依次为"红色，橙色，绿色，紫色"，如图 7-32 所示。

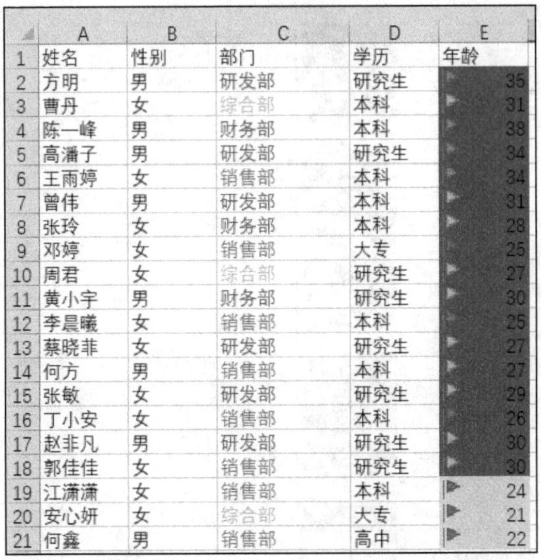

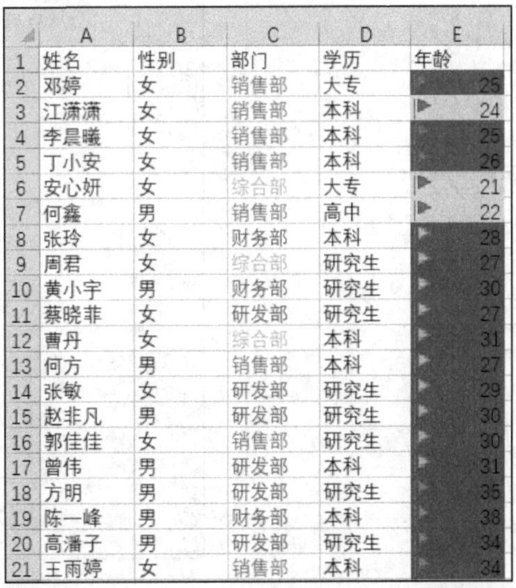

图 7-31　对"年龄"按照单元格颜色排序

图 7-32　对"部门"按照字体颜色排序

（4）在第 4 个工作表中，对"年龄"按照条件格式图标排序，由上到下依次为"红旗，黄旗，绿旗"，如图 7-33 所示。

（5）在第 5 个工作表中，对"学历"按照"高中，大专，本科，研究生"的自定义顺序排序，如图 7-34 所示。

	A	B	C	D	E
1	姓名	性别	部门	学历	年龄
2	张玲	女	财务部	本科	28
3	黄小宇	男	财务部	研究生	30
4	陈一峰	男	财务部	本科	38
5	周君	女	综合部	研究生	27
6	曹丹	女	综合部	本科	31
7	安心妍	女	综合部	大专	21
8	邓婷	女	销售部	大专	25
9	江潇潇	女	销售部	本科	24
10	李晨曦	女	销售部	本科	25
11	何方	男	销售部	本科	27
12	丁小安	女	销售部	本科	26
13	郭佳佳	女	销售部	研究生	30
14	何鑫	男	销售部	高中	22
15	王雨婷	女	销售部	本科	34
16	方明	男	研发部	研究生	35
17	蔡晓菲	女	研发部	研究生	27
18	高潘子	男	研发部	研究生	34
19	张敏	女	研发部	研究生	29
20	赵非凡	男	研发部	研究生	30
21	曾伟	男	研发部	本科	31

图 7-33 对"年龄"按照条件格式图标排序

	A	B	C	D	E
1	姓名	性别	部门	学历	年龄
2	何鑫	男	销售部	高中	22
3	邓婷	女	销售部	大专	25
4	安心妍	女	综合部	大专	21
5	张玲	女	财务部	本科	28
6	江潇潇	女	销售部	本科	24
7	李晨曦	女	销售部	本科	25
8	曹丹	女	综合部	本科	31
9	陈一峰	男	财务部	本科	38
10	何方	男	销售部	本科	27
11	丁小安	女	销售部	本科	26
12	王雨婷	女	销售部	本科	34
13	曾伟	男	研发部	本科	31
14	方明	男	研发部	研究生	35
15	周君	女	综合部	研究生	27
16	黄小宇	男	财务部	研究生	30
17	蔡晓菲	女	研发部	研究生	27
18	高潘子	男	研发部	研究生	34
19	张敏	女	研发部	研究生	29
20	赵非凡	男	研发部	研究生	30
21	郭佳佳	女	销售部	研究生	30

图 7-34 对"学历"按照自定义顺序排序

（6）在第 6 个工作表中，以"性别"作为第 1 关键字升序排序；以"部门"作为第 2 关键字，按照"研发部，销售部，财务部，综合部"的顺序排序；以"学历"作为第 3 关键字降序排序；以"年龄"作为第 4 关键字升序排序，如图 7-35 所示。

（7）保存。

	A	B	C	D	E
1	姓名	性别	部门	学历	年龄
2	赵非凡	男	研发部	研究生	30
3	高潘子	男	研发部	研究生	34
4	方明	男	研发部	研究生	35
5	曾伟	男	研发部	本科	31
6	何鑫	男	销售部	高中	22
7	何方	男	销售部	本科	27
8	黄小宇	男	财务部	研究生	30
9	陈一峰	男	财务部	本科	38
10	蔡晓菲	女	研发部	研究生	27
11	张敏	女	研发部	研究生	29
12	郭佳佳	女	销售部	研究生	30
13	邓婷	女	销售部	大专	25
14	江潇潇	女	销售部	本科	24
15	李晨曦	女	销售部	本科	25
16	丁小安	女	销售部	本科	26
17	王雨婷	女	销售部	本科	34
18	张玲	女	财务部	本科	28
19	周君	女	综合部	研究生	27
20	安心妍	女	综合部	大专	21
21	曹丹	女	综合部	本科	31

图 7-35 多关键字排序

提示：工作簿文件已经建好，直接打开使用。

实践 7-2 学生会考成绩表综合处理

打开"实践 7-2 素材.xlsx"工作簿，依次完成如下操作。

(1)在表 Sheet1 最上方插入一行，输入"一班会考科目成绩表"，设置合并后居中，蓝色，黑体，24 磅，黄色填充，并将所有数据垂直水平居中，如图 7-36 所示。

	A	B	C	D	E	F	G	H	I
1				一班会考科目成绩表					
2	学号	姓名	地理	地理等级	地理计入中考分值	生物	生物等级	生物计入中考分值	两科计入中考分值
3	1020101	赵一晓	60	C	12	53	D	8	20
4	1020102	吴青	95	A	20	82	A	20	40
5	1020103	唐小欣	83	A	20	78	B	16	36
6	1020104	韦大帅	87	A	20	65	C	12	32
7	1020105	严明	85	A	20	82	A	20	40
8	1020106	魏东	97	A	20	97	A	20	40
9	1020107	李小龙	100	A	20	51	D	8	28
10	1020108	张志	47	D	8	62	C	12	20
11	1020109	董小宝	79	B	16	90	A	20	36
12	1020110	张豪	41	D	8	84	A	20	28
13	1020111	王长江	72	B	16	43	D	8	24
14	1020112	张杰瑞	78	B	16	71	B	16	32
15	1020113	王若菲	68	C	12	63	C	12	24
16	1020114	陈小超	93	A	20	78	B	16	36
17	1020115	谭敏	56	D	8	71	B	16	24
18	1020116	刘丹	52	D	8	65	C	12	20
19	1020117	周杰西	89	A	20	82	A	20	40
20	1020118	王雅琪	56	D	8	40	D	8	16
21	1020119	卢乔伊	86	A	20	47	D	8	28
22	1020120	任敏	46	D	8	60	C	12	20
23	1020121	张小静	92	A	20	76	B	16	36
24	1020122	陈一帆	75	B	16	71	B	16	32
25	1020123	章博	89	A	20	93	A	20	40
26	1020124	宋小敏	87	A	20	83	A	20	40
27	1020125	张玲玲	87	A	20	99	A	20	40
28	1020126	林杰	57	D	8	98	A	20	28
29	1020127	鲁智燊	96	A	20	57	D	8	28
30	1020128	冯峰	89	A	20	44	D	8	28
31	1020129	赵飞	66	C	12	99	A	20	32
32	1020130	吕小丹	79	B	16	65	C	12	28
33	1020131	张丹青	94	A	20	93	A	20	40
34	1020132	王菲	41	D	8	75	B	16	24
35	1020133	冯乔	93	A	20	52	D	8	28
36	1020134	朱锦瑟	54	D	8	47	D	8	16
37	1020135	李念念	93	A	20	79	B	16	36
38	1020136	刘威	72	B	16	93	A	20	36
39	1020137	杨佳	41	D	8	83	A	20	28
40	1020138	周小丽	98	A	20	67	C	12	32
41	1020139	杨小铭	62	C	12	41	D	8	20
42	1020140	李霈	80	A	20	88	A	20	40
43	1020141	赵敏	64	C	12	76	B	16	28
44	1020142	曾小小	45	D	8	87	A	20	28
45	1020143	李敏红	94	A	20	67	C	12	32
46	1020144	赵丹	45	D	8	65	C	12	16
47	1020145	杨小白	94	A	20	73	B	16	36
48	1020146	冯一	68	C	12	47	D	8	20
49	1020147	李小璐	78	B	16	44	D	8	24
50	1020148	王莹	98	A	20	83	A	20	40
51	1020149	张苓	99	A	20	84	A	20	40
52	1020150	王学敏	73	B	16	91	A	20	36
53									
54	科目等级为A的人数:			24			19		
55									

图 7-36 "实践 7-2"效果图 1

(2)在"地理等级"列利用以下规则填充：80～100 分为 A 等，70～79 分为 B 等，60～69 分为 C 等，0～59 分为 D 等。同理计算"生物等级"，如图 7-37 所示。

（3）在"地理计入中考分值"列根据"地理等级"列填充，A 等 20 分，B 等 16 分，C 等 12 分，D 等 8 分。同理计算并填充"生物计入中考分值"列的值，如图 7-37 所示。

	A	B	C	D	E	F	G	H	I
1	学号	姓名	地理	地理等级	地理计入中考分值	生物	生物等级	生物计入中考分值	两科计入中考分值
2	1020117	周杰西	89	A	20	82	A	20	40
3	1020123	章博	89	A	20	93	A	20	40
4	1020125	张玲玲	87	A	20	99	A	20	40
5	1020149	张芩	99	A	20	84	A	20	40
6	1020131	张丹青	94	A	20	93	A	20	40
7	1020105	严明	85	A	20	82	A	20	40
8	1020102	吴青	95	A	20	82	A	20	40
9	1020106	魏东	97	A	20	97	A	20	40
10	1020148	王莹	98	A	20	83	A	20	40
11	1020124	宋小敏	87	A	20	83	A	20	40
12	1020140	李露	80	A	20	88	A	20	40
13	1020121	张小静	92	A	20	76	B	16	36
14	1020145	杨小白	94	A	20	73	B	16	36
15	1020150	王学敏	73	B	16	91	A	20	36
16	1020103	唐小欣	83	A	20	78	B	16	36
17	1020136	刘威	72	B	16	93	A	20	36
18	1020135	李念念	93	A	20	79	B	16	36
19	1020109	董小宝	79	B	16	90	A	20	36
20	1020114	陈小超	93	A	20	78	B	16	36
21	1020138	周小丽	98	A	20	67	C	12	32
22	1020129	赵飞	66	C	12	99	A	20	32
23	1020112	张杰瑞	78	B	16	71	B	16	32
24	1020104	韦大帅	87	A	20	65	C	12	32
25	1020143	李敏红	94	A	20	67	C	12	32
26	1020122	陈一帆	75	B	16	71	B	16	32
27	1020141	赵敏	64	C	12	76	B	16	28
28	1020110	张豪	41	D	8	84	A	20	28
29	1020137	杨佳	41	D	8	83	A	20	28
30	1020130	吕小丹	79	B	16	65	C	12	28
31	1020127	鲁智慧	96	A	20	57	D	8	28
32	1020119	卢乔伊	86	A	20	47	D	8	28
33	1020126	林杰	57	D	8	98	A	20	28
34	1020107	李小龙	100	A	20	51	D	8	28
35	1020133	冯乔	93	A	20	52	D	8	28
36	1020128	冯峰	89	A	20	44	D	8	28
37	1020142	曾小小	45	D	8	87	A	20	28
38	1020111	王长江	72	B	16	43	D	8	24
39	1020113	王若非	68	C	12	63	C	12	24
40	1020132	王菲	41	D	8	75	B	16	24
41	1020115	谭敏	56	D	8	71	B	16	24
42	1020147	李小路	78	B	16	44	D	8	24
43	1020101	赵一晓	60	C	12	53	D	8	20
44	1020108	张志	47	D	8	62	C	12	20
45	1020139	杨小铭	62	C	12	41	D	8	20
46	1020120	任敏	46	D	8	60	C	12	20
47	1020116	刘丹	52	D	8	65	C	12	20
48	1020146	冯一	68	C	12	47	D	8	20
49	1020134	朱锦瑟	54	D	8	47	D	8	16
50	1020144	赵丹	45	D	8	48	D	8	16
51	1020118	王雅琪	56	D	8	40	D	8	16
52									

图 7-37　"实践 7-2"效果图 2

（4）在"两科计入中考分值"列，利用公式或者函数计算"地理计入中考分值"和"生物计入中考分值"两列之和，如图 7-37 所示。

（5）对 A2:I51 套用表格样式"橙色表样式中等深浅 10"。

（6）修改工作表名称为"会考成绩表"，复制一张以"成绩表排序"命名，同时删除首行标题，且删除图 7-36 中 A54 单元格中的内容。在"成绩表排序"中，先按照"两科计入中考分值"列降序排列，若相同，以"姓名"降序排列，如图 7-37 所示。

(7)复制一张"成绩表排序"表,以"成绩表筛选"命名,筛选出地理或者生物成绩为"D"的学生信息,如图 7-38 所示。

	A	B	C	D	E	F	G	H	I
1	学号	姓名	地理	地理等级	地理计入中考分值	生物	生物等级	生物计入中考分值	两科计入中考分值
28	1020110	张豪	41	D	8	84	A	20	28
29	1020137	杨佳	41	D	8	83	A	20	28
31	1020127	鲁智慧	96	A	20	57	D	8	28
32	1020119	卢乔伊	86	A	20	47	D	8	28
33	1020126	林杰	57	D	8	98	A	20	28
34	1020107	李小龙	100	A	20	51	D	8	28
35	1020133	冯乔	93	A	20	52	D	8	28
36	1020128	冯峰	89	A	20	44	D	8	28
37	1020142	曾小小	45	D	8	87	A	20	28
38	1020111	王长江	72	B	16	43	D	8	24
40	1020132	王菲	41	D	8	75	B	16	24
41	1020115	谭敏	56	D	8	71	B	16	24
42	1020147	李小路	78	B	16	44	D	8	24
43	1020101	赵一晓	60	C	12	53	D	8	20
44	1020108	张志	47	D	8	62	C	12	20
45	1020139	杨小铭	62	C	12	41	D	8	20
46	1020120	任敏	46	D	8	60	C	12	20
47	1020116	刘丹	52	D	8	65	C	12	20
48	1020146	冯一	68	C	12	47	D	8	20
49	1020134	朱锦瑟	54	D	8	47	D	8	16
50	1020144	赵丹	45	D	8	48	D	8	16
51	1020118	王雅琪	56	D	8	40	D	8	16
52									
53									
54						地理等级	生物等级		
55						D			
56							D		

图 7-38　"实践 7-2"效果图 3

(8)在"一班会考科目成绩表"中的 D54 和 G54 单元格中分别计算"地理等级"和"生物等级"为 A 的人数。

(9)保存。

实践 7-3　学生信息分类汇总

打开"实践 7-3 素材.xlsx"工作簿,依次完成如下操作。

(1)用 IF 函数计算并填充"计分"列,其中一等奖计 10 分,二等奖计 6 分,三等奖计 4 分。

(2)将"学生获奖信息"工作表数据区域(不包括右侧需要计算的数据表)复制 4 份,分别命名为"学院获奖数量分类汇总"、"不同性别获奖数量分类汇总"、"奖项和性别分类汇总"和"学院和奖项分类汇总"。

(3)在"学院获奖数量分类汇总"工作表中,按"学院"分类汇总获奖分数,显示 2 级分类汇总结果(学院按照经管学院、外国语学院、美术学院、文学院为序),如图 7-39 所示。

		A	B	C	D	E	F	G
	1	学号	姓名	性别	学院	奖项	级别	计分
+	10				经管学院 汇总			54
+	20				外国语学院 汇总			62
+	31				美术学院 汇总			66
+	39				文学院 汇总			50
−	40				总计			232

图 7-39　按"学院"分类汇总获奖分数

(4)在"不同性别获奖数量分类汇总"工作表中，按"性别"分类汇总获奖分数，显示 2 级分类汇总结果(性别升序)，如图 7-40 所示。

1 2 3		A	B	C	D	E	F	G
	1	学号	姓名	性别	学院	奖项	级别	计分
+	13			男 汇总				86
+	37			女 汇总				146
−	38			总计				232

图 7-40　按"性别"分类汇总获奖分数

(5)在"奖项和性别分类汇总"工作表中，分别按"奖项"和"性别"分类汇总不同奖项和不同性别的总得分情况，显示 3 级分类汇总结果(以奖项升序，性别降序)，如图 7-41 所示。

1 2 3 4		A	B	C	D	E	F	G
	1	学号	姓名	性别	学院	奖项	级别	计分
+	5			女 汇总				18
+	8			男 汇总				16
−	9					大学生建模比赛 汇总		34
+	19			女 汇总				52
+	22			男 汇总				16
−	23					大学生英语演讲比赛 汇总		68
+	35			女 汇总				76
+	43			男 汇总				54
−	44					校园PPT大赛 汇总		130
−	45					总计		232

图 7-41　按"奖项"和"性别"分类汇总获奖分数

(6)在"学院和奖项分类汇总"工作表中，分别按"学院"和"奖项"分类统计不同学院、不同奖项的总得分情况，显示 3 级分类汇总结果(以学院升序，奖项降序)，如图 7-42 所示。

1 2 3 4		A	B	C	D	E	F	G
	1	学号	姓名	性别	学院	奖项	级别	计分
+	5					校园PPT大赛 汇总		20
+	11					大学生建模比赛 汇总		34
−	12				经管学院 汇总			54
+	21					校园PPT大赛 汇总		58
+	24					大学生英语演讲比赛 汇总		8
−	25				美术学院 汇总			66
+	28					校园PPT大赛 汇总		12
+	36					大学生英语演讲比赛 汇总		50
−	37				外国语学院 汇总			62
+	43					校园PPT大赛 汇总		40
+	46					大学生英语演讲比赛 汇总		10
−	47				文学院 汇总			50
−	48				总计			232

图 7-42　按"学院"和"奖项"分类汇总获奖分数

(7)在"学生获奖信息"工作表中，用函数计算每个学院的总分，显示在数据源右侧数据表中，同时计算所占比例，以百分比形式且保留一位小数(用 SUMIF 函数计算总分)。

(8)在"学生获奖信息"工作表中，设置纸张为 B5，纸张方向为横向，页边距上、下各为 3，左、右各为 2，居中方式为水平垂直居中，如图 7-43 所示。打印区域设置为 A1:G35，如图 7-44 所示。

(9)保存。

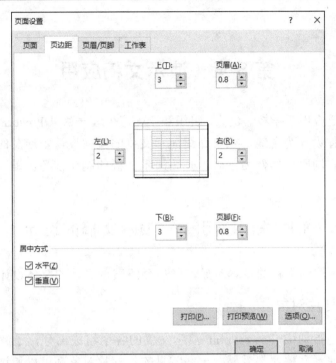

图 7-43　“页面设置”对话框

学号	姓名	性别	学院	奖项	级别	计分
2023010101	曹玲玲	女	文学院	校园PPT大赛	一等奖	10
2023010102	邓婷	女	文学院	大学生英语演讲比赛	三等奖	4
2023010103	方明	男	文学院	大学生英语演讲比赛	二等奖	6
2023010105	龚雪丽	女	文学院	校园PPT大赛	一等奖	10
2023010106	黄小宇	男	文学院	校园PPT大赛	一等奖	10
2023010107	江潇潇	女	文学院	校园PPT大赛	三等奖	4
2023010109	李晨曦	女	文学院	校园PPT大赛	二等奖	6
2023120111	蔡晓菲	女	经管学院	大学生建模比赛	一等奖	10
2023120112	曹丹	女	经管学院	大学生建模比赛	三等奖	4
2023120113	陈一峰	男	经管学院	大学生建模比赛	一等奖	10
2023120115	高潘子	男	经管学院	大学生建模比赛	二等奖	6
2023120116	何方	男	经管学院	校园PPT大赛	一等奖	10
2023120117	张敏	女	经管学院	校园PPT大赛	二等奖	6
2023120119	叶子	女	经管学院	校园PPT大赛	三等奖	4
2023120120	张芳菲	女	经管学院	大学生建模比赛	三等奖	4
2023030122	安心妍	女	外国语学院	大学生英语演讲比赛	二等奖	6
2023030123	郭佳佳	女	外国语学院	大学生英语演讲比赛	三等奖	4
2023030124	何鑫	男	外国语学院	大学生英语演讲比赛	一等奖	10
2023030126	王雨婷	女	外国语学院	大学生英语演讲比赛	一等奖	10
2023030127	曾晓敏	女	外国语学院	大学生英语演讲比赛	二等奖	6
2023030129	曾宁	女	外国语学院	大学生英语演讲比赛	一等奖	10
2023030130	张娜	女	外国语学院	大学生英语演讲比赛	三等奖	4
2023030131	周一彤	女	外国语学院	校园PPT大赛	二等奖	6
2023030133	赵智	男	外国语学院	校园PPT大赛	二等奖	6
2023270134	崔杰	男	美术学院	校园PPT大赛	二等奖	6
2023270135	方萌萌	女	美术学院	校园PPT大赛	三等奖	4
2023270136	邱睿涵	男	美术学院	校园PPT大赛	一等奖	10
2023270137	张淼	女	美术学院	校园PPT大赛	一等奖	10
2023270139	刘垚	男	美术学院	校园PPT大赛	二等奖	6
2023270140	罗晓月	女	美术学院	校园PPT大赛	二等奖	6
2023270141	陈萍萍	女	美术学院	大学生英语演讲比赛	三等奖	4
2023270142	张歌	女	美术学院	大学生英语演讲比赛	三等奖	4
2023270144	周峰	男	美术学院	校园PPT大赛	二等奖	6
2023270145	谢欣怡	女	美术学院	校园PPT大赛	一等奖	10

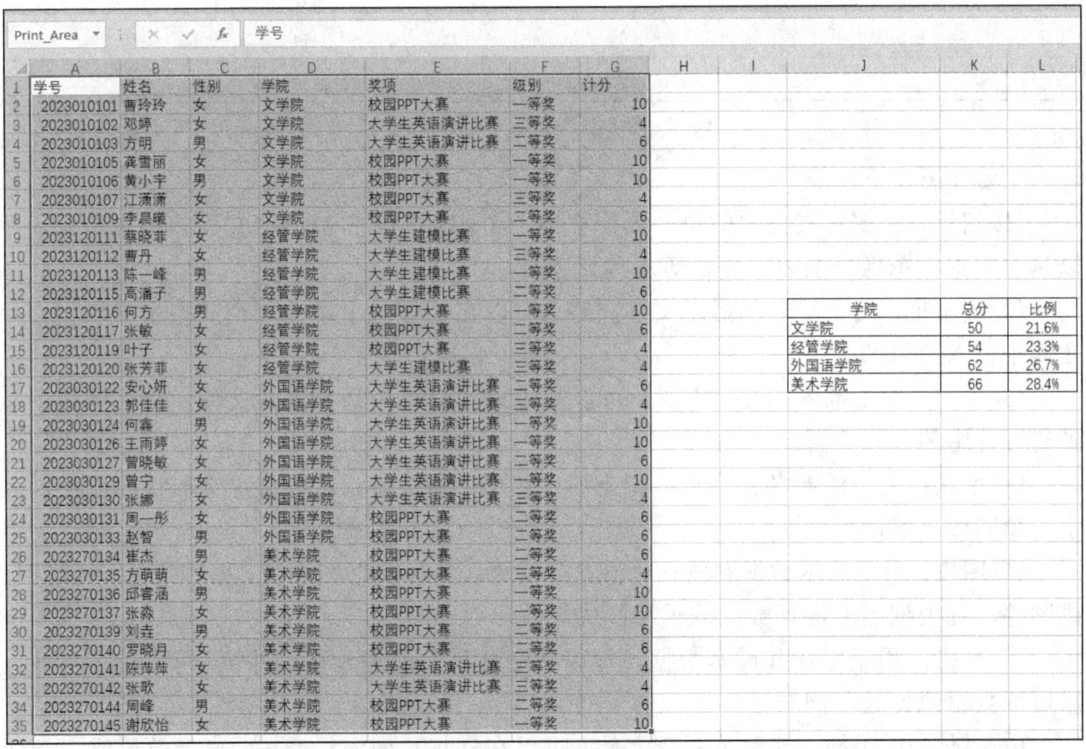

学院	总分	比例
文学院	50	21.6%
经管学院	54	23.3%
外国语学院	62	26.7%
美术学院	66	28.4%

图 7-44　打印区域和计算结果

第8章 演示文稿应用

演示文稿广泛应用于学校、企业、组织和个人。在这一章以 PowerPoint 软件为基础，以演示文稿的整体设计为主线，主要介绍演示文稿的整体设计中涉及的基本概念、常见对象和基本原则。同时以案例为基础，介绍演示文稿的制作技巧，提升学生制作演示文稿的水平。

8.1 知识索引——演示文稿的设计

本节首先介绍演示文稿的基本对象，然后介绍演示文稿的整体设计原则。

8.1.1 认识幻灯片对象

幻灯片对象是指构成 PowerPoint 演示文稿的各个组成部分，了解和认识这些对象对于设计和编辑演示文稿非常重要。一些常见的幻灯片对象都可以通过"插入"菜单项下面的各个选项卡进行操作，如图 8-1 所示。

图 8-1 幻灯片对象

主要介绍以下功能。

(1)幻灯片：演示文稿中的每一页都称为一个幻灯片。它是演示文稿的基本单元，可以包含文本、图像、图表、表格等多种元素。

(2)文本框：用于输入和显示文字内容。可以在幻灯片上添加一个或多个文本框，并在其中输入所需的文字。

(3)图片：用于插入和显示图像。可以从本地计算机中选择图片文件，然后将其添加到幻灯片中的任意位置。

(4)形状：用于绘制各种图形，如矩形、圆形、箭头等。可以自定义形状的颜色、大小、填充效果等属性。

(5)图表：用于展示数据和统计信息。可以插入各种类型的图表，如柱状图、折线图、饼图等，并根据需要进行数据编辑和样式设置。

(6)表格：用于组织和展示数据。可以在幻灯片上添加表格，并填写所需的行和列，以展示数据或比较不同项目。

(7)媒体：用于插入音频或视频文件。可以在幻灯片中添加音乐、声音效果或视频剪辑文件，以增强演示的多媒体效果。

(8)SmartArt 图形：用于创建图形化的组织结构、流程图、关系图等。它提供了一种简便的方式来可视化复杂的信息和关系。

除了上述对象，幻灯片中还有标题、页眉页脚、批注等其他元素，可以根据需要进行编辑和设置。

演示文稿中包含这些对象，但不是将这些对象进行简单的重复和堆砌。这些对象的使用策略将在后续章节中进行重点讲解。

8.1.2　演示文稿的整体设计原则

在制作演示文稿时，不仅仅需要熟悉 PowerPoint 软件的操作，还需要查询与策划与内容相关的背景、特点，甄选 PPT 的模板、母版、配色、字体，收集相关的图片、图标、字体等，用以搭建内容框架。

1. 从内容出发

明确演示文稿的应用场景，选择恰当的模板，做好母版，选好版式、背景、主题等。

演示文稿的应用场景一般分为演示型和阅读型。演示型文档的最大特点就是短小精炼，视觉冲击力强，常见于演讲现场、产品发布会等。阅读型文档则是最常见的，也是使用频率最高的，如教学课件、求职简历、工作汇报等。对于不同类型的演示文稿，就需要选择不同的模板、主题和背景。

1）模板

演示文稿的模板是一种预先设计好的结构和布局，用于提供创建演示文稿的框架。它类似于一个清晰的指南，告诉用户在演示中应该包含哪些内容，以及它们应该如何组织和呈现。通常在新建演示文稿的时候，可以根据不同类型的演示文稿选择喜欢的模板，如图 8-2 所示。另外，网络上也有很多免费且美观的模板，可以直接下载使用。

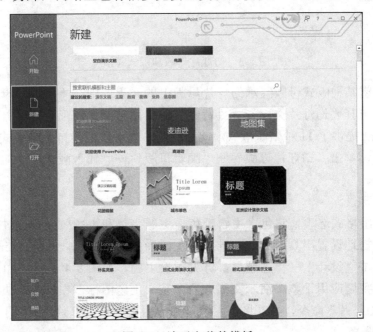

图 8-2　演示文稿的模板

2）母版

母版是进行幻灯片设计的重要辅助工具，它记录了演示文稿中所有幻灯片的布局信息。利用母版可设置演示文稿中每张幻灯片的统一格式，包括各级标题样式、文本样式、项目符号样式、图片、动作按钮、背景图案、颜色、插入日期、页脚等。使用母版可以统一整个演示文稿的风格，并且便于对演示文稿中每张幻灯片进行统一的样式更改。

单击"视图"→"母版视图"→"幻灯片母版"，打开"幻灯片母版"视图。在"幻灯片母版"视图左侧窗格中，第 1 张为幻灯片母版，下面 11 张为默认的版式母版，在幻灯片母版上添加的元素会被所有版式母版全部继承，而在版式母版上添加的元素，只会在对应的版式中出现，如图 8-3 所示。

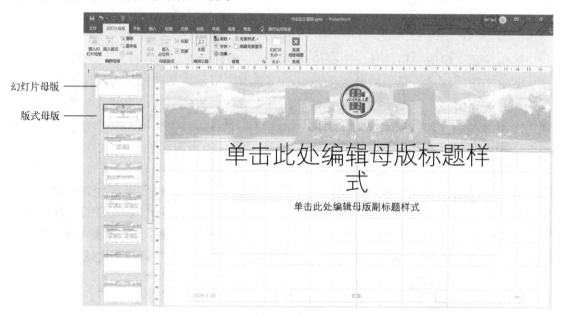

图 8-3　幻灯片母版和版式母版

如果不希望某种版式母版继承幻灯片母版上的元素，则在"幻灯片母版"视图下选择版式母版，选择"幻灯片母版"→"背景"→"隐藏背景图形"即可。

PowerPoint 提供了 11 种默认版式，此外，用户也可以创建自定义版式。在"幻灯片母版"视图下，单击"幻灯片母版"→"编辑母版"→"插入版式"，即可产生一个新的自定义版式。

3）主题和背景

主题是一组格式选项，它包含主题颜色、主题字体和主题效果。通过应用主题，用户可以快速轻松地设置出具有专业水准且美观时尚的演示文稿。PowerPoint 提供了多种预设主题。单击"设计"→"主题"，可见预设主题，如图 8-4 所示。单击某个主题图标，即可将该主题应用于整个演示文稿。右击某个主题图标，在打开的快捷菜单中选择"应用于选定幻灯片"命令，可以将该主题单独应用于当前幻灯片。应用了主题后，还有4 种变体可以选择。

图 8-4　演示文稿的主题

PowerPoint 提供了多种主题颜色，每一种主题颜色方案由 21 种颜色组成，决定了幻灯片中的文字、背景、图形、图表和超链接等对象的默认颜色。也可以设置主题字体和主题效果，如图 8-5 所示。

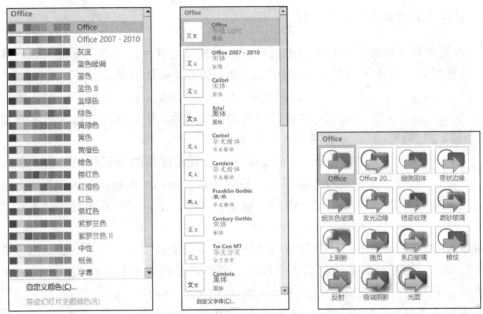

图 8-5　主题的颜色、字体和效果

用户除了可以设置幻灯片的主题颜色、主题字体和主题效果以外，还可以设置背景样式。

2. 构建思维导图，规划演示文稿的组织框架

演示文稿和写文章一样，都要表达观点。为了有层次、有条理地表达自己的观点，可以先搭建一个内容框架。演示文稿的内容框架一般分为并列关系、连贯关系、递进关系和总分关系。

并列式的内容之间是并列的、平等的，每个内容都可以单独罗列出来，彼此之间没有太多的关联，结构划分也很简单；连贯式的内容之间按照时间、地点或者某种情节向前推进；递进式的内容之间呈现由浅入深、由表及里、由现象到本质的状态；总分式的内容表现一个观点由多个论点支撑的情况。以毕业论文答辩演示文稿为例，它就属于递进式的，如图 8-6 所示。

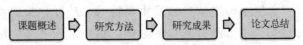

图 8-6　毕业论文答辩演示文稿的内容框架

　　确定了内容框架，接着就需要把框架中涉及的内容展开，充分利用每个论据来证明要表达的观点。可以借助思维导图来表达，在这里不详细讲解。

　　一般地，一个完整的演示文稿由 5 部分组成：封面页、目录页、过渡页、内容页、结束页。封面页主要包括主标题、副标题、作者署名等基本信息。目录页概括演示文稿的核心内容，即内容框架。过渡页是目录页的分支，就是一个转场，从一个内容过渡到另外一个内容。内容页是主体，根据内容进行详细展开介绍。最后是结束页，包括联系方式、致谢等内容。

3. 演示文稿页面布局 4 个原则

　　(1)亲近原则：将页面中的内容分门别类，相关的内容靠近一些，不相关的内容疏离一些。这样可以呈现出清晰的内容结构，以便观众迅速筛选信息。

图 8-7　对比原则

　　(2)对比原则：通过修改大小、颜色、远近、虚实等方式，构建出内容的主次关系，让观众迅速将目光聚焦到关键内容上，如图 8-7 所示。

　　(3)重复原则：重复使用相同的颜色、形状、字体，使 PPT 具有统一的风格。SmartArt 图形如图 8-8 所示，左侧是用户原来直接插入的一些 SmartArt 图形，看上去有些杂乱，根据重复性原则修改以后，如右侧所示。

　　(4)对齐原则：页面中的对象与对象之间必定存在某种视觉关联，不能随意摆放，否则会显得凌乱。对齐是为了让画面更加清爽、整洁，使内容更具条理性，从而更好地传递信息。在 PPT 中，要充分利用"排列"选项卡中的"对齐"选项，同时打开"视图"选项卡下面的"标尺""网格线""参考线"，便于更好地定位各个对象，如图 8-9 所示。

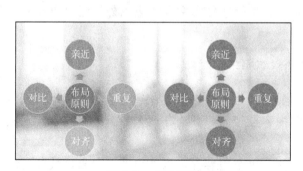

图 8-8　重复原则

图 8-9　"对齐"选项

8.2　案例分析——演示文稿的文字、图片、动画策略

　　图片和文字是演示文稿中传递信息的最重要符号，动画作为附加功能，恰当地应用也会给演示文稿增辉添彩。本节结合具体的案例，讲解演示文稿中的文字、图片和动画处理策略。

案例 8-1　制作"遇见自己"图文效果

具体操作要求如下。

(1)将"自己.JPG"设置为背景，并将透明度设置为 25%。

(2)插入文本框 1，输入文本"遇"；插入文本框 2，输入文本"见自己"；将两个文本框的文字字体设置为"文泉驿等宽微米黑"，字号设置为 96 磅。插入文本框 3，输入文本"Meet the best yourself"，将文本框 3 的字体设置为 Verdana，字号设置为 24。

(3)设置文本框 2"见自己"为渐变文字。

(4)将文本框 1"遇"字拆分为图形。

(5)将转换为图形的"遇"字删除不需要的部分，将形状轮廓设置为"无"，形状填充设置为"白色"，并将剩余部分的图形进行组合。

(6)插入眼睛图标，将图标填充为黄色，放到"遇"字删除的部分。

"遇见自己"图文效果如图 8-10 所示。

图 8-10　"遇见自己"图文效果

问题解析：

一图胜千言，在演示文稿设计中，图形是不可或缺的重要元素。在演示文稿中，图形包含图片、形状、图标、SmartArt 图形、图表等。

1. 图片

在幻灯片中使用最多的是背景图片，背景图片决定了 PPT 的底色，更决定了 PPT 的风格。PPT 的背景图片分为 4 种：纯色背景、渐变背景、纹理背景和图片背景。

1)纯色背景

纯色背景是 PPT 中最常用的背景。使用纯色背景能使演示文稿看起来简洁。如果主题是多种颜色混搭的，建议用黑、白、灰这 3 种背景色，可以包容一切色系。如图 8-11

所示，本来就是多种颜色混搭，再加上一个高纯度背景，就有点令人感到突兀，如果改成白色或者灰色就会协调一些。

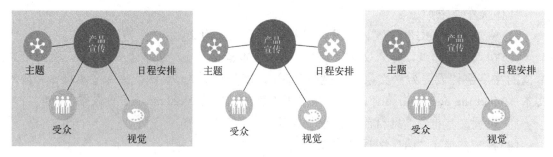

图 8-11　纯色背景的选择

2）渐变背景

渐变是一种有规律的颜色变化，有强烈的节奏感和审美情趣。PowerPoint 中有许多预设的渐变颜色，借助取色器，也可以自己手动调节渐变色。首先，将幻灯片的背景设置为纯色填充，找到一个渐变的图片作为吸取颜色的样本，例如图 8-12 中的校徽。在"设置背景格式"对话框中，将填充模式改为"渐变填充"，还可以修改渐变的类型、方向和角度，如图 8-13 所示。为了操作方便，在下面的"渐变光圈"选项中保留两个光圈即可，光圈数量越多，渐变层次越丰富。

图 8-12　自定义渐变填充

选择第 1 个光圈，在"颜色"选项卡中选择"其他颜色"，在弹出的对话框中有一个"取色器"工具，选择"取色器"吸取渐变图上方的颜色；对第 2 个光圈重复同样的操作，只是吸取的颜色不同。还可以分别调节两个光圈的位置、透明度和亮度，这样就得到了一个与校徽同色系的渐变填充。

图 8-13 设置渐变填充

本案例中文本框 2 渐变文字的做法和渐变背景的做法一致。

3）纹理背景

PowerPoint 自带了纹理图案，如果用户觉得那些不够美观，也可以在背景在线生成网站（如 Flat Surface Shader）上修改参数、颜色，自动生成纹理背景图案。

4）图片背景

在使用图片时一定要注意选择的背景要与主题相关，背景不能干扰主题内容，而且风格上要尽量统一。

在使用图片作为背景的时候，有时候图片太亮，画面太丰富，就会有喧宾夺主的感觉。在这种情况下，可以给图片加上一个蒙版，就是在图片上添加一层有透明度的形状，起到弱化背景、突出主题、使画面具有层次感的作用。

在 PPT 中使用图片的时候要保证图片清晰，不要有网站标识和水印，即要注意图片的版权。本着从内容出发的原则，图片的选择要符合主题，为主题服务，不要为了用图而用图。

本案例中，使用了图片文件“自己.JPG”作为幻灯片的背景。

2. 形状

在演示文稿的制作过程中，形状是很常用的一个工具，它可以起到美化页面、突出重点、连接信息和分区隔离的作用。

1）绘制编辑形状

单击“开始”→“形状”或者单击“插入”→“绘图”都可以绘制形状。绘制好形状后，形状上会出现黄色或白色的控制点，将鼠标指针放在控制点上拖动，可以对形状进行变形，将形状更改为自己需要的样子，如图 8-14 所示。还可以选中绘制的形状，单击“形状格式”→“插入形状”→“编辑形状”→“编辑顶点”，选择“编辑顶点”后，可以调整形状顶点的位置，得到不同的形状。也可以在任意顶点上单击鼠标右键，在弹出的菜单中可以对顶点进行操作。如图 8-15 所示，将五角星的顶点都变成平滑顶点，得到不同风格的五角星形状。

图 8-14　拖动控制点改变形状　　　　　图 8-15　编辑形状和顶点

2）形状样式的设置

绘制好形状以后，可以对形状的填充、轮廓和效果进行设置。在 PowerPoint 中，提供了预设形状样式库，用户可以直接选择使用。如果样式库中没有需要的样式，用户可以单击"形状填充""形状轮廓""形状效果"按钮，设置自己需要的形状样式。形状填充和幻灯片的背景填充操作完全一样。

3）合并形状

同时选中两个或者两个以上的形状，单击"形状格式"→"插入形状"→"合并形状"即可。"合并形状"功能由结合、组合、拆分、相交、剪除 5 种工具组合而成，如图 8-16 所示。

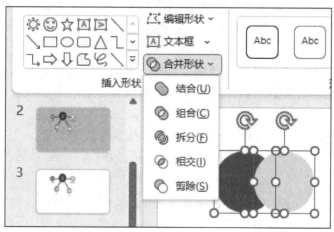

图 8-16　合并形状 5 种工具

这 5 种工具的简单说明如表 8-1 所示。

利用这 5 个功能可以将多个简单的形状合并成一个复杂的形状。也可运用于形状和文本框、形状和图片、图片和文本框等不同对象，制作镂空文字、替换文字部分笔画等效果。

表 8-1　合并形状工具功能说明

功能	效果	功能说明
原图		两个形状部分重合在一起
结合		将多个形状合并为一个新的形状，合并以后的颜色取决于先选形状的颜色
组合		与结合命令相似，区别在于两个形状重合的部分会镂空显示
拆分		将两个形状拆分，所有重叠部分都会变成独立的形状
相交		只保留两个形状之间重叠的部分
剪除		先选形状减去与后选形状的重叠部分，通常用来制作漏洞的效果

　　需要特别注意的是：在进行两个形状合并操作时，假设一个对象为 A，一个对象为 B，那么 A+B/A–B 与 B+A/B–A 的效果是完全不同的。所以在使用此功能时请注意对象选择的顺序及叠放层次。此外，如果两个对象颜色不同，合并后的颜色也同对象选择的顺序相关，合并后的填充颜色取自先选择的对象颜色。

　　本案例中，将"遇"变成图形，就利用了"合并形状"中的"拆分"功能。具体的做法是：先任意绘制一个图形无填充色的矩形，重叠在"遇"的右上部；选中矩形按住 Ctrl 键，再选文本框 1"遇"；再单击"合并形状"→"拆分"，如图 8-17（a）所示。注意，要先选矩形，再选文本框。

(a)

(b)

(c)

图 8-17　拆分文字为图形

3．图标

　　图标可以代表一些行为、人、事、物等真实或虚拟的视觉符号，可以有效地传递信息。它不同于图片和形状，画面简洁有力，重在传递信息。PowerPoint 自带了种类繁多的图标，PowerPoint 的图标库如图 8-18 所示。如果 PowerPoint 自带的图标库不能满足使用需求，还可以借助素材网站搜寻更多、更好看的图标，如阿里巴巴矢量图库（Iconfont）。

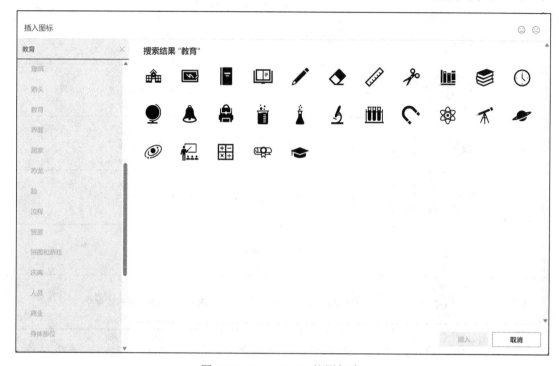

图 8-18　PowerPoint 的图标库

使用图标时，可以像插入图片一样的使用图标，既可以直接更换图标颜色，也可以对图标进行拆解，局部更换颜色。要注意统一图标的类型和颜色，不仅如此，图标的边框、线条颜色也应尽量统一。

本案例中，在搜索框输入"眼睛"，就可以找到需要的图标，删除"遇"字右上部，将图标叠上去，颜色更换为黄色即可，如图 8-17（b）、（c）所示。

案例 8-2　制作"光阴的故事"镂空文字效果

"光阴的故事"镂空文字效果如图 8-19 所示。

图 8-19　镂空文字

具体操作要求如下。

（1）绘制一个 8 厘米×26 厘米的矩形，设置矩形填充颜色为"#3E6F66"，线条颜色为"无"。

（2）安装字体"站酷快乐体 2016 修订版"；插入文本框，输入文本"光阴的故事"，将字体设置为"站酷快乐体 2016 修订版"，字号设置为 120 磅。

（3）制作如图 8-20 所示的镂空文字"光阴的故事"。

（4）将"光阴.JPG"设置为背景，并将透明度设置为 60%。

问题解析：

文字是幻灯片的灵魂，简洁干练的文字会让人感到轻松愉悦。

1. 字体

幻灯片文字的基本分为两大类：衬线文字和无
衬线文字。

图 8-20　镂空文字

衬线文字是指在字体的笔画末端或交叉处有额
外的装饰性小横线或小尾巴，如宋体、仿宋体、楷体、隶书、Times New Roman 等，如
图 8-21 所示。衬线字体通常被认为更具有传统、正式和优雅的感觉，适用于印刷品、书
籍和长篇文章等需要连续阅读的场合。

无衬线文字则是指没有额外装饰的字体，笔画粗细无变化，如黑体、微软雅黑、幼
圆、Arial、Helvetica、Verdana 等，如图 8-22 所示。无衬线字体通常具有简洁、现代和
清晰的外观，适用于数字屏幕、网页设计和短文本展示等要求易读性和清晰度的场合。

图 8-21　衬线文字　　　　　　　　　　　　　图 8-22　无衬线文字

除了系统自带的字体外，其余的字体都是有版权限制的。如果想尝试不同风格的字
体，可以选用一些免费的商用字体，如思源字体系列、站酷字体系列、方正字体系列、
旁门正道等，可以从相关网站下载(如求字体网)。下载好字体以后，可以将字体文件复
制到"C:\Windows\Fonts"文件夹中，如图 8-23 所示。

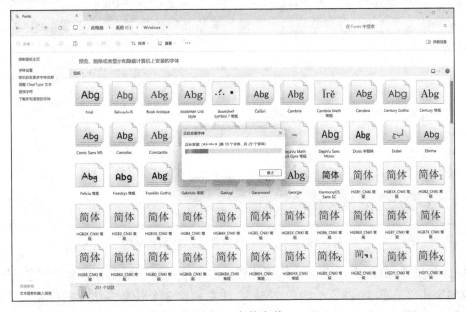

图 8-23　安装字体

2. 字号

很多人都会忽略字号大小的选择,以至于在幻灯片中显示的字号不是过大就是过小。应根据演示文稿的使用场合的不同,设置不同的字号。投影用的一般为 18～28 磅,阅读用的为 10～16 磅。封面页、过渡页、结束页的文字可以更大些。

3. 颜色

幻灯片中文字颜色不宜过多,一个页面中颜色分为主色、辅色和点缀色。主色是整个页面的主要颜色;辅助色用于帮助主色建立更完整的形象,可以选择与主色同色系;点缀色起着引导观众视线的作用。颜色搭配首先要和谐,主色尽量选择低纯度颜色,点缀色可以选择高纯度颜色,如图 8-24 所示。

图 8-24　颜色的选择

本案例中,"光阴的故事"镂空文字的制作利用了"合并形状"的"剪除"功能。注意要先选中矩形,按住 Ctrl 键,再选文本框;然后将矩形和文本框"水平居中"和"垂直居中"。

案例 8-3　制作波浪动画

波浪动画的效果如图 8-25 所示。

具体操作要求如下。

(1)新建演示文稿,将缩放比例修改为 20%。

(2)绘制波浪线组成的任意多边形,调节波浪线的顶点,让波浪线平滑一些,填充颜色为"蓝色 个性色 1 深色 25%"。给任意多边形设置进入动画的方式为"淡化"→"与上一动画同时"→"持续 0.5 秒",路径动画的方式为"直线"→ "右"→"与上一动画同时"→"持续 1.5 秒";调整该路径动画的起始和终止位置,如图 8-26 所示。

图 8-25　波浪动画

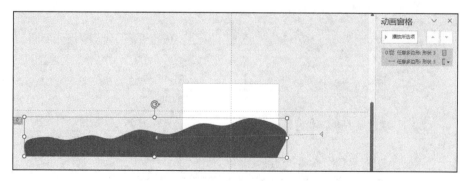

图 8-26　绘制任意形状多边形并添加动画

(3)复制步骤(2)两次,绘制另外两处任意多边形,颜色填充分别为"蓝色 个性色 1 淡色 40%"和"蓝色 个性色 1 淡色 25%"。注意调整 3 个任意多边形的位置,形成前后涌动的视觉效果,如图 8-27 所示。

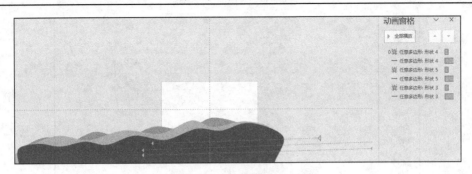

图 8-27　波浪动画效果

（4）绘制一个与幻灯片屏幕一样大的矩形，填充色为白色，边框为蓝色。插入图标"水滴"，将图标转化为形状，设置水滴形状的大小为 17 厘米×11 厘米。参照制作镂空文字的方法，制作空心水滴，并将空心水滴置于顶层。

（5）给幻灯片添加片间动画"平滑"。

问题解析：

在幻灯片中添加动画对象，可以使得 PPT 在放映时动态地显示文本、图形、音频、视频等对象，以及控制各对象出现的先后顺序，提高演示文稿的生动性、趣味性。幻灯片的基本动画类型分为两大类：一是片内动画，即针对幻灯片内的对象使用的动画，分为进入、强调、退出和动作路径 4 种类型；二是片间动画，即幻灯片与幻灯片之间切换的动画。

1．片内动画

"进入"动画是让对象从无到有、逐渐出现的运动过程，它在"动画"选项卡下是绿色图标；"退出"动画与"进入"动画的效果正好相反，是让对象从有到无、逐渐消失的过程，它在"动画"选项卡下是红色图标；"强调"动画以突出显示对象自身为目的，在放映过程中能够吸引观众的注意力，它在"动画"选项卡下是黄色图标；"动作路径"动画可以使对象按照设定的路径运动。如图 8-28 所示是片内动画的各种类型。

1）添加动画

选中幻灯片内某个对象，就可以添加如图 8-29 所示的任意动画效果。用户选定一种动画以后，单击右侧的"效果选项"，可以选择一种效果变换方向，每种动画类型都对应不同的效果。单击"高级动画"选项卡中的"添加动画"按钮，还可以对某一个对象添加多种动画类型。

要特别注意：本案例中对波浪多边形设置了"进入"动画以后，就要先单击"添加动画"按钮再设置路径动画，否则设置了后面的路径动画，前面的"进入"动画就没有了。

2）调整播放顺序

单击"高级动画"选项卡中的"动画窗格"按钮，在打开的"动画窗格"列表框中显示当前幻灯片中各对象的动画播放顺序，如图 8-30 所示。单击列表框中的动画标签，上下拖动即可改变其播放顺序。也可单击"动画窗格"列表框中的"向上"按钮和"向下"按钮来调整播放顺序。还可以单击"高级动画"选项卡中"对动画重新排序"中的"向上"按钮或"向下"按钮，来调整播放顺序。

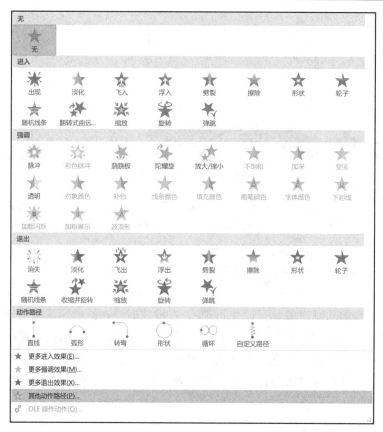

图 8-28　4 种片内动画

图 8-29　动画效果选项

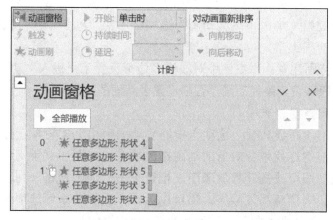

图 8-30　"动画窗格"列表框

3）更改播放方式

在"动画窗格"列表框中单击选中对象的动画标签右侧的下拉按钮，打开如图 8-31 所示的下拉菜单。选择"计时"，如果该对象的动画进入样式是"飞入"，可设置开始时间、持续时间和延迟时间等播放控制方式，如图 8-32 所示。也可在"高级动画"选项卡中设置。

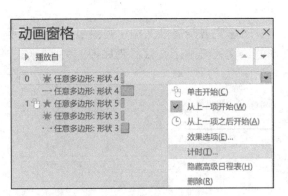

图 8-31　选择播放计时

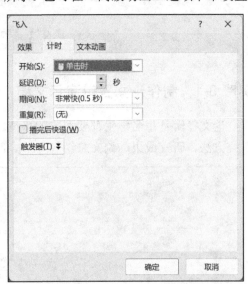

图 8-32　飞入动画的"计时"对话框

开始、延迟、期间、重复等播放方式设置项说明如表 8-2 所示。

表 8-2　动画播放方式设置项说明

设置项		说明
开始	单击时	对象的动画效果在单击鼠标时开始播放
	与上一动画同时	对象的动画效果与上一对象的动画同时播放
	上一动画之后	对象的动画效果在上一对象动画播放完之后播放
延迟		设置动画开始播放的延迟时间
期间		设置动画的播放速度
重复		设置动画的重复次数
触发器		激活触发器时会触发某个动画效果

使用"高级动画"选项卡中的"动画刷"，可以快速复制和粘贴动画效果，使多个对象拥有相同的动画设置。在动画设置过程中，单击"动画"选项卡中的"预览"按钮，可以随时查看所设置的动画效果。

4）删除动画

选中要删除动画效果的对象，单击"动画"选项卡，在"动画样式"列表框中选择"无"，即可删除动画效果。也可在如图 8-31 所示的下拉菜单中选择"删除"命令。

2．片间动画

通常演示文稿中包含多张幻灯片，在幻灯片放映时，可设置幻灯片之间的切换效果，还可以在切换时播放声音。用户可以通过"切换"选项卡对幻灯片的切换效果进行设置。

添加动画与否，要根据不同的展示场合来决定。一般如工作汇报、论文答辩、个人简历等这类阅读型的 PPT，展示的场合比较正式，所以尽量少用动画；在一些演讲的场合，有效地利用动画，可以增强演讲的感染力，吸引观众注意力，营造现场活跃氛围。

8.3 实践与应用

实践 8-1 制作论文答辩演示文稿

论文答辩是每名学生都要面临的事情。一般的论文答辩演示文稿中需要呈现课题概述、研究方法、研究成果、论文总结等环节。制作的论文答辩演示文稿样张如图 8-33 所示。

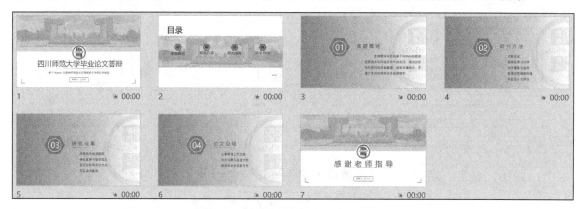

图 8-33 论文答辩演示文稿样张

具体操作要求如下。

1）制作封面页

（1）新建演示文稿，勾选"参考线"复选框，打开幻灯片的参考线，方便图形定位。

（2）插入"BACK.PNG"图片，对齐参考线，调整到页面的一半大小。绘制矩形，置于"BACK.PNG"图片下面，大小与图片一样，无边框，填充色为自定义色"#00B050"，透明度为 78%。插入"校徽.PNG"，对齐参考线，调整到页面正中间，大小为 4.16 厘米×4.16 厘米。

（3）插入如样张所示的 3 个文本框，文本框文本从"资料.TXT"文档中复制。如样张 1 所示，第 1 个文本框的字体为"思源黑体 Bold"，字号为 54 磅，颜色为"#2D634E"；第 2 个文本框的字体为"等线"，字号为 20 磅，颜色为灰色；第 3 个文本框的字体为"等线"，字号为 16 磅，颜色为"#2D634E"。

（4）在第 1 个文本框的下面绘制渐变线条，长度 20 厘米，宽度 1.5 磅。给渐变线条添加左中右 3 个光圈，中间光圈的颜色为"#2D634E"，左右光圈为白色。

（5）水平居中对齐"校徽.PNG"、3 个文本框和渐变线条。

（6）设置幻灯片的切换为"翻转，向左翻转"。

2) 制作目录页

(1) 插入一页新的幻灯片，复制第 1 页幻灯片中的背景图片和矩形，置于页面上下居中位置；在图片右下方绘制 4 个圆形，大小为 0.25 厘米×0.25 厘米，线条和填充颜色都是 "#2D634E"，组合在一起。

(2) 绘制正六边形，大小为 1.79 厘米×1.99 厘米，线条和填充颜色都是 "#00B050"；绘制白色空心圆，大小为 1.23 厘米×1.23 厘米；插入文本框 "01"，字体 "思源黑体 Bold"，字号为 27 磅，颜色为黑色；选中以上 3 个对象，设置 "水平居中对齐，垂直居中对齐"，然后组合。在组合图形的下面插入文本框 "课题概述"，字体为 "思源黑体 Bold"，字号为 28 磅，颜色为 "#2D634E"。将该文本框与上面的组合图形同时选中，设置 "水平居中对齐"，然后再组合。复制该组合图形 3 次，对照样张 2，修改文本内容。选中这 4 个组合图形，设置 "底端对齐，横向分布"。

(3) 插入文本框 "目录"，字体为 "思源黑体 Bold"，字号为 60 磅，颜色为黑色；插入文本框 "CONTENTS"，字体为 "思源黑体 Bold"，字号为 18 磅，颜色为白色。

(4) 设置幻灯片的切换为 "分割，中间向上下展开"。

3) 制作过渡页

(1) 插入一页新的幻灯片，设置渐变背景，参数如图 8-13 所示。

(2) 插入校徽图片，调整大小为 19.5 厘米×19.39 厘米，调整图片的亮度为 "–20%"，对比度为 "40%"，将图片的一半置于幻灯片内部，如样张 3 所示。

(3) 按照目录页中的步骤 (2) 绘制组合图形，填充色改为 "#2D634E"，调整到合适的大小，添加如样张 3 所示的文本框。

(4) 在第 1 个文本框的下面，绘制渐变线条，长度 6.3 厘米，宽度 2.5 磅，给渐变线条添加左右两个光圈，左右光圈都是深绿色。

(5) 设置幻灯片的切换为 "库，自左侧"。

以上述方法制作其他的过渡页。

4) 制作结束页

复制第 1 页幻灯片，参照样张 7 修改其中文本即可。

实践 8-2　制作竞选演示文稿

竞选演示文稿——简历是竞聘者向评委展示的一份简要自我介绍，主要包括竞聘者的基本信息、学习经历、获得的成果奖项、竞聘宣言等。竞选演示文稿样张如图 8-34 所示。

具体操作要求如下。

1) 新建演示文稿

修改母版，保留一个版式母版，在版式母版的右上角绘制由圆组合的图形。在版式母版底部绘制黑黄线条，给黑黄线条添加 "自左侧" 的擦除动画，设置 "与上一动画同时"，持续 1 秒。关闭母版，进入普通视图，打开参考线。

2) 制作演示文稿第 1 页

(1) 插入 "back music.mp3" 音频文档，设置音频的播放方式为 "与上一动画同时"，设置音频 "从头开始" 播放，在 "999 张幻灯片" 后停止播放，动画播放后隐藏。

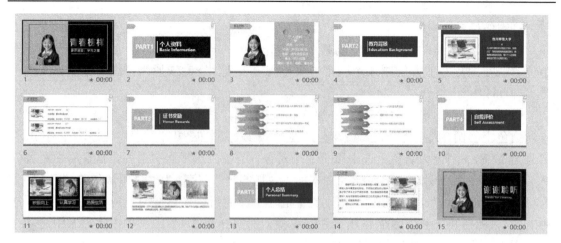

图 8-34　竞选演示文稿样张

（2）绘制黄色和黑色两个矩形，分别占幻灯片画面一半大小，设置形状轮廓为"无"；设置黄色矩形的动画为"飞入"→"自左侧"→"上一动画之后"→"持续 0.5 秒"；设置黑色矩形的动画为"飞入"→"自右侧"→"与上一动画同时"→"持续 0.5 秒"→"延迟 0.25 秒"。

（3）插入"照片.JPG"图像文档，调整到合适的位置。

（4）插入矩形框，设置形状填充为"无"。形状轮廓设置为"从左到右的渐变线"，保留两个光圈，第 1 个光圈为黑色，第 2 个光圈为黄色，位置为 50%，形状轮廓的宽度为 2.5 磅。设置矩形框的动画为"轮子"→"辅轮图案 2"→"上一动画之后"→"持续 1.25 秒"→"延迟 0.25 秒"。

（5）插入文本框，输入"青"，设置字体"微软雅黑"，字号 88 磅，"加粗"，设置文字填充为"从左到右的渐变线"，保留两个光圈，都设置为白色，将第 2 个光圈的透明度设置为 100%。复制"青" 3 次，分别改为"春""榜""样"。选中这 4 个文本框，设置"水平居中"和"垂直居中"，然后组合成一个图形。给组合添加动画为"擦除"→"自左侧"→"上一动画之后"→"持续 0.75 秒"。

（6）插入黄色到黑色的渐变线条，方法如步骤（4）所示。为渐变线条添加动画为"擦除"→"自左侧"→"上一动画之后"→"持续 0.5 秒"。

（7）插入文本框，输入"参评项目：学习之星"，设置字体"微软雅黑"，字号 32 磅，为文本框添加动画为"缩放"→"对象中心，作为一个对象"→"与上一动画同时"→"持续 0.5 秒"→"延迟 0.25 秒"。

（8）复制制作步骤（6）的线条，长度缩短一些。

（9）设置幻灯片的切换为"涟漪"。

3）制作演示文稿第 2 页

（1）在幻灯片左上角绘制 2 厘米×3.6 厘米的五边形箭头形状，设置形状为黄色，无线条颜色，动画设置为"飞入"→"自左侧"→"与上一动画同时"→"持续 0.75 秒"。

（2）在幻灯片右上角绘制 4 个空心圆组成的组合图形，动画设置为"擦除"→"自顶部"→"与上一动画同时"→"持续 0.5 秒"。

(3)绘制 8 厘米×8.5 厘米的黄色无线条矩形，给矩形添加阴影，参数如图 8-35 所示。动画设置为"飞入"→"自左侧"→"与上一动画同时"→"持续 0.75 秒"。

(4)绘制 8 厘米×21 厘米的黑色无线条矩形，给矩形添加阴影，参数如图 8-35 所示。动画设置为"飞入"→"自右侧"→"与上一动画同时"→"持续 1.25 秒"。

(5)插入文本框"PART1"，设置字体"微软雅黑"，字号 60 磅，颜色"白色"，给文字添加阴影，参数如图 8-36 所示。动画设置为"空翻"→"作为一个对象"→"与上一动画同时"→"持续 1 秒"。

图 8-35 矩形阴影参数设置

图 8-36 文字阴影参数设置

(6)绘制 4.2 厘米×0.2 厘米的白色无线条矩形，动画设置为"飞入"→"自右侧"→"与上一动画同时"→"持续 1.25 秒"。

(7)插入文本框"个人资料 Basic Information"，设置字体"微软雅黑"，汉字字号 60 磅，英文字号 32 磅，颜色"白色"，动画设置为"空翻"→"作为一个对象"→"上一动画之后"→"持续 0.75 秒"。

(8)设置幻灯片的切换为"框，自右侧，持续时间 1.8 秒"。复制该页幻灯片，参照样张，修改文字，制作演示文稿的第 4、7、10、13 页。

4)制作演示文稿第 3 页

(1)在幻灯片左上角绘制 2 厘米×8.6 厘米的五边形箭头形状，设置形状为黄色，无线条颜色，动画设置为"飞入"→"自左侧"→"与上一动画同时"→"持续 0.75 秒"。

(2)插入文本框"基本资料 Basic Information"，设置字体"微软雅黑"，汉字字号 32 磅，英文字号 12 磅，颜色"黑色"，动画设置为"擦除"→"自左侧"→"上一动画之后"→"持续 0.5 秒"。

(3)插入无边框矩形，颜色填充为黄色，参照图 8-35 设置矩形阴影，动画设置为"浮入"→"上浮"→"上一动画之后"→"持续 1 秒"。

(4)绘制两个直径为 2 厘米的椭圆，填充为红色到黄色的渐变。为第 1 个椭圆设置动画为"浮入"→"上浮"→"与上一动画同时"→"持续 1 秒"→"延迟 0.65 秒"，将第 2 个椭圆延迟改为 0.35 秒，其他相同。

(5)插入文本框,复制"基本资料.TXT"文件里的基本信息,设置字体"微软雅黑",标题字号40磅,内容字号32磅,颜色"白色"。在标题和内容之间插入一个向下的黄色三角形,透明度设置为30%。组合文本框和三角形,将动画设置为"擦除"→"自顶侧"→"上一动画之后"→"持续0.5秒"。

(6)设置幻灯片的切换为"平移,自底侧,持续时间1.8秒"

5)制作演示文稿第5页

(1)复制第3页幻灯片的左上角五边形箭头形状和文本框,修改文字为"教育背景 Education Background"。

(2)绘制14厘米×32厘米的黑色矩形,动画设置为"劈裂"→"中央向左右展开"→"上一动画之后"→"持续1秒"。

(3)插入"图片1.jpg"文件,调整到合适的大小,动画设置为"浮入"→"上浮"→"与上一动画同时"→"持续0.5秒"→"延迟0.35秒"。

(4)绘制14厘米×32厘米的无填充矩形,边框为黄色,宽度为2磅,动画设置为"浮入"→"上浮"→"与上一动画同时"→"持续0.5秒"→"延迟0.65秒"。

(5)插入文本框,复制"基本资料.TXT"文件里的教育背景,设置字体"微软雅黑",标题字号32磅,内容字号32磅,颜色"白色"。在标题和内容之间插入一个向下的白色三角形,透明度设置为20%,组合文本框和三角形,将动画设置为"擦除"→"自顶侧"→"上一动画之后"→"持续0.5秒"。

(6)设置幻灯片的切换为"平移,自底侧,持续时间1.8秒"。

6)制作演示文稿第6页

(1)复制第5页幻灯片的左上角五边形箭头形状和文本框。

(2)绘制10厘米×30厘米的灰色矩形框,无填充颜色,中间加灰色线条,组合成一个对象。动画设置为"劈裂"→"左右向中央收缩"→"上一动画之后"→"持续0.5秒"。

(3)插入"图片1.jpg"文件,调整到合适的大小和位置,动画设置为"飞入"→"自左侧"→"上一动画之后"→"持续0.75秒";复制"图片1.jpg"文件,动画设置为"飞入"→"自左侧"→"与上一动画同时"→"持续0.75秒"。

(4)插入文本框1和文本框2,分别复制"基本资料.TXT"文件里的教育背景对应的内容,设置字体"微软雅黑",数据部分用红色字突出显示。两个文本框动画都设置为"擦除"→"自顶侧"→"上一动画之后"→"持续0.5秒"。

(5)设置幻灯片的切换为"平移,自底侧,持续时间1.8秒"。

7)制作演示文稿第8页

(1)复制第6页幻灯片的左上角五边形箭头形状和文本框,修改文字为"证书奖励 Honor Rewards"。

(2)插入样张8所示的形状,形状的阴影和填充参数如图8-37所示。设置动画为"浮入"→"上浮"→"上一动画之后"→"持续0.5秒";复制第2个、第3个形状,动画改为"浮入"→"上浮"→"与上一动画同时"→"持续0.5秒"→"延迟0.25秒",第3个延迟为0.5秒;复制第4个形状,动画改为"浮入"→"下浮"→"与上一动画同时"→"持续 0.5 秒"→"延迟 0.45 秒",后面第 5～7 个形状的延迟逐一加 0.15 秒。注意,7 个形状的对齐和叠放顺序参照样张 8。

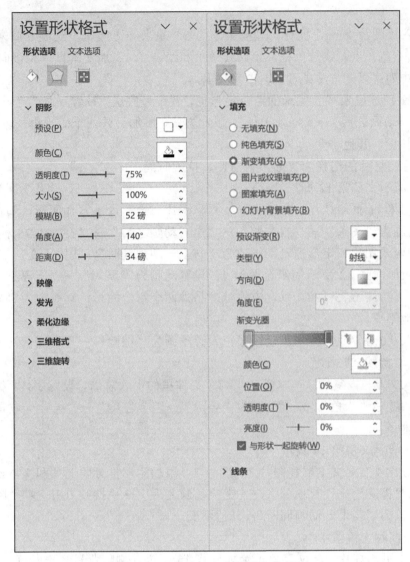

图 8-37　形状的填充和阴影参数设置

（3）添加如样张 8 所示的椭圆和点画线的组合图形,设置动画为"擦除"→"自左侧"→"上一动画之后"→"持续 0.25 秒";复制另外 3 个组合图形,动画改为"与上一动画同时",其余不变。

（4）添加 4 个文本框,分别复制"基本资料.TXT"文件里面的证书奖励所对应的内容,设置字体"微软雅黑",字号 24 磅。4 个文本框动画都设置为"阶梯状"→"右下"→"与上一动画同时"→"持续 0.5 秒",每个文本框分别延迟 0.25 秒、0.5 秒、0.75 秒、1 秒。

（5）设置幻灯片的切换为"平移,自底侧,持续时间 1.8 秒"。

（6）按照同样的方式,完成第 9 页幻灯片。

8）制作演示文稿第 11 页

（1）复制第 9 页幻灯片左上角五边形箭头形状和文本框，修改文字为"自我评价 Self Assessment"。

（2）插入"图片 1.jpg"文件，调整大小为 6.7 厘米×8.1 厘米。绘制 6 厘米×7 厘米矩形框，无填充色，点画线黄色框，绘制线条 1 和线条 2。添加文本框"积极向上"，如样张 11 所示排列；以此方法处理图片 2 和图片 3。

（3）插入 12.5 厘米×9.5 厘米的黑色矩形框，置于最底层，设置动画为"浮入"→"上浮"→"上一动画之后"→"持续 1 秒"；以此方式，添加另外两个矩形框，动画改为"与上一动画同时"，其他不变。

（4）设置幻灯片的切换为"库，自右侧，持续时间 1.6 秒"。

9）制作演示文稿第 12 页

（1）复制第 11 页幻灯片，保留点画线框和图片；给图片 1 添加阴影，和点画线框组合，设置动画为"飞入"→"自左侧"→"上一动画之后"→"持续 0.75 秒"。以此方式处理另外两幅图片和矩形框，动画改为"与上一动画同时"，其他不变。

（2）插入如样张 12 所示的组合图形 1，设置动画为"浮入"→"上浮"→"上一动画之后"→"持续 0.75 秒"。以此方式处理另外两个组合图形，动画改为"与上一动画同时"，其他不变。

（3）插入 0.5 厘米×29 厘米黄色矩形，设置动画为"擦除"→"自左侧"→"上一动画之后"→"持续 0.75 秒"。

（4）插入文本框，复制"基本资料.TXT"文件里的个人总结，设置字体"微软雅黑"，字号 20 磅，颜色"黑色"，设置动画为"擦除"→"自左侧"→"与上一动画同时"→"持续 0.75 秒"。

10）制作演示文稿第 14 页

参照样张 14 布局文本框和图片 1、图片 3，添加矩形框分隔图片和文本框；为文本框添加动画"擦除"→"自顶部"→"上一动画之后"→"持续 0.75 秒"，图片 1 和图片 3 的动画改为"与上一动画同时"，其他不变。

11）制作演示文稿第 15 页

复制第 1 页幻灯片，将文字修改为如样张 15 所示，删除背景音乐即可。

第 9 章　Photoshop 图片处理

图片处理，即对图片进行加工、修改。通常是通过图片处理软件，对图片进行调色、抠图、合成、明暗修改、彩度和色度的修改，以及添加特殊效果、编辑、修复等。现在大家在网上浏览到的图片，90%都是经过图片处理后的产物：风光大片会调整景物的色彩层次，人像写真会修饰模特的脸部和身材，即使是人文纪实图片，也会进行一定的后期处理。

这一章以 Photoshop 软件为基础，以"常用图片处理功能"为主题，清晰易懂地介绍图片处理的方法，帮助大家正确、高效地完成 Photoshop 相关操作，提升学习和工作效率。

9.1　知识索引——Photoshop 基础功能

9.1.1　工作界面

本书使用的版本是 Photoshop CS5，其工作界面如图 9-1 所示。虽然 Photoshop 的各种版本间有一些差距，但基本操作都是一样的。

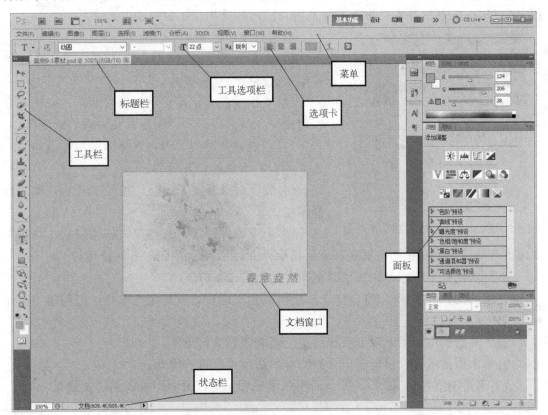

图 9-1　Photoshop CS5 工作界面

（1）菜单：Photoshop 界面的最顶端，包含各种可以执行的命令。单击菜单名称可打开相对应的菜单。

（2）工具选项栏：工具选项栏可随着所选择的工具进行变化，可以设置工具的各种选项。

（3）标题栏：当打开一个图片或者新建一个文件时，标题栏从左到右分别显示文档名称、文件格式、窗口缩放比例、颜色模式等信息。

（4）选项卡：当打开多个图片文件时，文档窗口只显示一个图片文件，单击对应选项卡名称，即可显示对应图片文件。

（5）工具栏：顾名思义，用于选择编辑图片所用的工具。

（6）文档窗口：图片文件的放置处，图片编辑区域。

（7）面板：设置编辑选项，创建调整图层、编辑图层等。

（8）状态栏：显示当前工具和文档窗口显示比例、文档大小、文档尺寸等信息。具体可以根据需要单击右侧箭头进行调整。

9.1.2　认识图层

学习 Photoshop 最基础的知识就是图层。Photoshop 的图层就好像一些带有图像的透明纸，互相堆叠在一起，每一个图层都是一个独立的存在，即在一个图层上的操作不会影响另一个图层。将每个图像放置在独立的图层上，用户可自由更改文档的外观和布局，且不同图层不会互相影响。使用图层可以方便地管理和修改图像，还可以创建各种特效。图层是 Photoshop 最基本、最重要的常用功能，其操作界面如图 9-2 所示。

图 9-2　Photoshop CS5 图层操作界面

图层的操作如下。

（1）要新建图层可以单击右下角的 ⬛ 图标，也可使用 Ctrl+Shift+N 快捷键。

（2）双击图层名字可以更改图层名字，双击名字右边的空区域可以打开"图层样式设置"对话框。

（3）要想删除图层，可在选择图层后按退格键，也可单击右下角的垃圾桶图标 🗑。

（4）要同时选择多个图层，按住 Ctrl 键后单击选择图层。

（5）向下合并图层可右键单击该图层后，再单击要向下合并的图层，该图层就会和下层图层合并，也可使用 Ctrl+E 快捷键。

（6）可以随意上下拖动图层到其他图层的上方或下方。

（7）单击文件夹图标 📁 可以建立图层组，建立组后把图层拖入即可。组与组不会相互影响，便于分类。

（8）"不透明度"用于调节所选图层上所有内容的可见度。

（9）单击锁图标可以锁定图层。被锁定的图层不能再被拖动。

（10）不透明度左边 正常 ▾ 为图层效果设置，可以设置图层间的叠加效果。

9.1.3　基础操作索引

1. 基本工具

图 9-1 中的"工具栏"对应的就是 Photoshop 基本工具，这些工具自带提示信息，只需把鼠标放置在工具图标上几秒钟便会弹出，从上到下依次介绍如下。

(1)移动工具 ，当不存在选区时，使用此工具将会移动当前图层的所有内容；当存在选区时，仅移动选区内容。

(2)选区工具，在图像需要局部处理时，基本上都会用到。 是形状选区工具，右击此工具图标会弹出更多形状选项，如图 9-3 所示。 是自定义选区工具，可随意选出想要的形状，右击此工具还可以选择套索工具、多边形套索工具和磁性套索工具。 是快速选区工具，可以自动识别想选择的区域，右击此工具还可以找到魔棒工具 。

图 9-3 内容：
- 矩形选框工具 M
- 椭圆选框工具 M
- 单行选框工具
- 单列选框工具

图 9-3　更多形状选区

(3) 裁剪工具，可以改变图像大小。

(4) 吸管工具，可以从图片中提取颜色。

(5) 污点修复工具，可以去除污点和标记。

(6) 画笔工具，可以绘制图案。

(7) 仿制图章工具，可以使用图像中其他部分的画面来填补空缺，在填补之前先按 Alt 键选择想要使用图像的位置。

(8) 历史记录画笔工具，可以将图像的某些部分恢复到修改前的状态。

(9) 橡皮工具，可用其清除部分图像。按 E 快捷键。

(10)右击 可选择渐变工具和油漆桶工具，用于充填图像。

(11)右击 可选择模糊工具、锐化工具和涂抹工具。锐化工具用来消除模糊部分，涂抹工具是像画油画一样把两种不同颜色慢慢变形并融合。

(12) 颜色减淡工具。

(13) 钢笔工具，用于描线。

(14) 横排文字工具，单击后框选想要的范围可在其中输入文字。

(15) 路径选择工具，可以选择并调整路径和点。

(16) 形状工具，可以画出标准的矩形，或者圆、直线和多边形。

2. 菜单栏

图 9-1 的"菜单"中包含 Photoshop 的所有命令，主要菜单项有文件、编辑、图像、选择、滤镜。

1)文件

"文件"菜单包含图片文件处理的内容，如新建、打开、关闭、存储等功能，如图 9-4 所示。

"打开"功能可以在计算机中查找需要打开的图片文件，并在 Photoshop 软件中打开。如果想要编辑屏幕截图，可以在 Photoshop 中按 Ctrl+V 快捷键直接把截图复制到画布上。

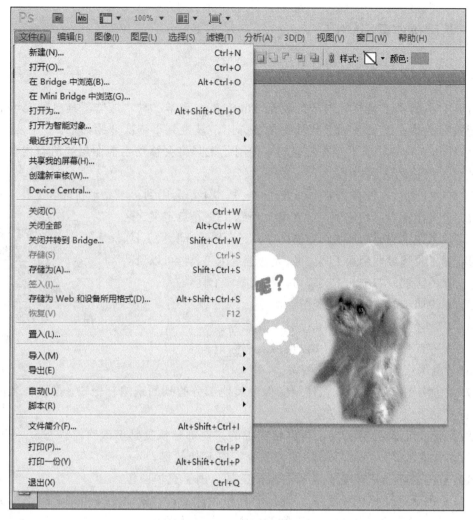

图 9-4　文件菜单

　　"关闭"功能可以关闭当前编辑的文件，"关闭全部"就是关闭全部在 Photoshop 中打开的文件。

　　"存储"功能非常重要，一定要养成随时存储文件的习惯，避免操作进度意外丢失，也可以按 Ctrl+S 快捷键储存，但这里的储存只是会把文件储存为 PSD 后缀。而"存储为"功能就可以更改存储文件的格式，如图 9-5 所示。

　　2）编辑

　　"编辑"菜单中提供了对当前图片的常用操作，如图 9-6 所示。其中，"还原"是指撤销功能，快捷键是 Ctrl+Z。"拷贝"功能可以复制图层内或框选区域内的内容到剪贴板，快捷键是 Ctrl+C。"粘贴"功能可以自动新建一个图层并把拷贝的内容粘贴到上面。"填充"功能和油漆桶工具差不多，但是可以有更多的填充设置，如图 9-7 所示。"描边"功能能给图层内的内容沿着形状边缘向内或者向外描边，如图 9-8 所示。

　　3）图像

　　"图像"菜单提供调整图像比例、改变画布的尺寸、裁剪图像到合适大小等操作。

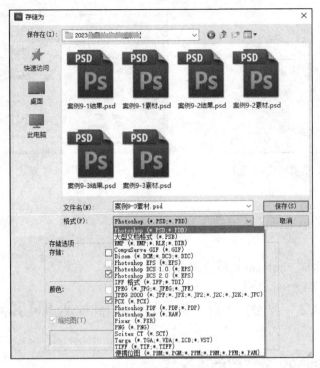

图 9-5　存储为不同格式

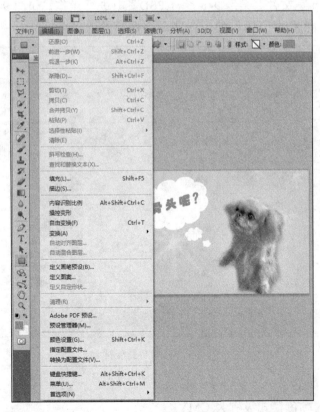

图 9-6　"编辑"菜单

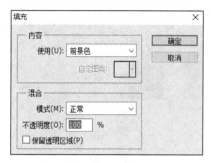
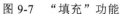

图 9-7 "填充"功能

图 9-8 "描边"功能

4) 选择

"选择"菜单提供选择区域的操作。

5) 滤镜

"滤镜"菜单提供 Photoshop 预设的各种照片效果。

9.2 案例分析——常用的图片处理功能

案例 9-1 Photoshop 文件的基本操作

使用 Photoshop 在文件"案例 9-1 素材.PSD"中进行操作，如图 9-9 所示。全部操作完毕后文件大小不能超过 5MB，使用存储命令保存并退出。

图 9-9 案例 9-1 素材

具体操作要求如下。

(1) 将该文件的颜色模式设置为 CMYK。

(2) 将颜色深度设置为 8 位/通道。

(3)将分辨率设置为 150 像素/英寸。

问题解析：

1)设置图片颜色模式

在 Photoshop 中提供了图片的颜色模式调整功能，支持灰度、CMYK、RGB 等颜色模式。将本案例素材设置为 CMYK 颜色模式的操作步骤如下。

(1)双击打开素材文件，进入如图 9-9 所示界面。

(2)选择"图像"菜单，在"模式"中选择"CMYK 颜色(C)"，如图 9-10 所示。

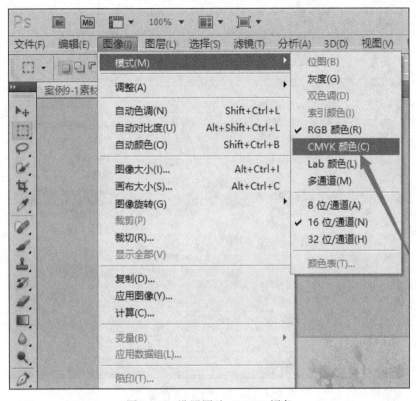

图 9-10　设置图片 CMYK 颜色

从图 9-10 中可以看出，本案例素材原本使用的是 RGB 颜色模式。RGB 是从颜色发光的原理来设计的，分别是红色、绿色、蓝色，每个颜色分为 0～256 阶亮度，3 个颜色相互叠加，产生 256×256×256 种颜色。数值越大颜色越亮，当 3 个数值都达到最大值 255 时，可理解为 3 盏灯都开到最亮的时候，眼前会感觉一片白光，就是白色。当 3 个数字都为 0 时，相当于 3 盏灯都没打开，一片漆黑，就是黑色。

本案例要求设置的 CMYK 颜色模式是彩色印刷时采用的一种颜色模式，主要有 4 种颜色，C(青色)，M(品红色)，Y(黄色)，K(黑色)。CMYK 用于油墨印刷，因此每个颜色以所占的百分比来表示。其中除了基本的三色外，外加黑色，这是因为油墨的调色理论上可以通过三色混合出黑色，但是现实中由于生产技术的限制，油墨纯度往往不尽如人意，混合出的黑色不够浓郁，只能依靠提纯的黑色加以混合。

CMYK 为印刷色，颜色会比 RGB 更暗淡一些。因此，在做文件前，要先弄清楚文件的用途，如果是做网页、网络图片、视频、屏幕显示的电子图像，就选 RGB；如果要做宣传册、单页、海报、喷绘等印刷品类的纸质图像，就选 CMYK。

2）设置颜色深度

在 Photoshop 中提供了图片的颜色深度调整功能，支持 8、16、32 位颜色深度。要将本案例素材设置为 8 位/通道，在打开素材后选择"图像"菜单，在"模式"中选择"8位/通道（A）"，如图 9-11 所示。

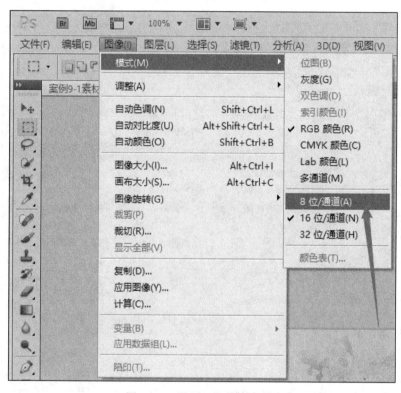

图 9-11   设置 8 位颜色深度

图像颜色深度表示每个像素可以使用多少种不同的颜色。颜色深度越高，显示的颜色就越多，图像就会越逼真。常见的颜色深度有 8 位（256 色）、16 位（65536 色）、24 位（16777216 色），32 位（4294967296 色）。8 位颜色深度可以使用 256 种不同的颜色，颜色范围有限，图像不够真实。16 位颜色深度可以使用 65536 种不同的颜色，颜色范围增大，图像更加真实。24 位颜色深度可以使用 16777216 种不同的颜色，颜色范围更大，图像更逼真，是目前常用的颜色深度。而 32 位颜色深度则可以使用 4294967296 种不同的颜色，颜色范围最大，图像逼真度最高。

3）设置分辨率

在 Photoshop 中提供了对图片分辨率的设置功能，操作步骤如下。

（1）打开如图 9-9 所示素材后选择"图像"菜单，单击"图像大小"，弹出如图 9-12 所示"图像大小"对话框。

（2）在图中箭头所指处填写要求的分辨率 72 像素/英寸。

图像分辨率表示图像中存储的信息量的大小，指每英寸图像内有多少个像素点，用于表示图像的清晰度。分辨率的单位为 PPI（Pixels Per Inch），通常表示为像素/英寸。

4）保存

上述操作完成后，在图 9-9 中选择"文件"菜单，单击"保存"选项。

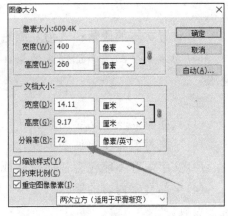

图 9-12　"图像大小"对话框

案例 9-2　文字图层运用

使用 Photoshop 在文件"案例 9-2 素材.PSD"（图 9-13）中进行操作，全部操作完毕后文件大小不能超过 5MB，使用存储命令保存并退出即可。

图 9-13　案例 9-2 素材

具体操作要求如下。

（1）新建一个文字图层，输入"明媚如花"。

（2）将全部文字设置字体为幼圆，大小为 22 像素，字体颜色为 R124、G206、B28，仿粗体。

(3)设置文本的段落样式为左缩进 15.5 像素。

(4)为该文字图层添加投影效果，设定投影角度为 120 度(使用全局光)，模式为正片叠底。

注意:

(1)只能建立一个文字图层。

(2)不能对所有文字做变换操作。

(3)文字内容不能包含任何空格或者其他符号。

(4)全部文字内容的字体、大小、仿粗体、仿斜体、段落左缩进参数必须按题目要求统一设置。

(5)不得修改题目中原图的其他属性，包括颜色深度、颜色模式、图像尺寸、分辨率等。

问题解析:

1)创建文字图层输入内容

文字图层的创建方式与普通图层不同，具体操作如下。

(1)在图 9-13 界面中，选择左侧工具箱中的文字工具 T 。

(2)在图 9-13 素材图片中任意位置单击，输入内容"明媚如花"，如图 9-14 所示。可见右下角图层区域中自动创建了文字图层。

图 9-14　创建文字图层

文字图层创建完毕，Photoshop 处于文字图层的文本编辑状态。右击图 9-14 中图层区域中的文字图层，即可退出文本编辑状态。

2）设置文字图层内容的字体、字号、颜色

（1）单击图 9-14 界面中的文字图层，在菜单栏下方选择"切换字体和段落面板"按钮 ，打开"字体段落设置"对话框，如图 9-15 所示。图 9-15 中通过 幼圆 下拉框设置字体为"幼圆"，通过 22点 设置字号 22 点，通过 设置"仿粗体"样式。

（2）在图 9-15 中单击"颜色"右边的黑色块，弹出颜色设置对话框，如图 9-16 所示。将方框内的 R、G、B 分别指定为 124、206、28。

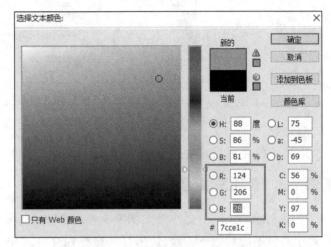

图 9-15　字体段落设置　　　　　　　　图 9-16　文字图层字体颜色设置

3）设置文字图层段落样式

在图 9-15 左上方单击"段落"选项卡，打开段落设置界面，如图 9-17 所示。在图中箭头处指定左缩进 15.5 点，设置完成后单击图中右上角 按钮关闭界面。

4）设置文字图层样式

（1）在图 9-14 上方选择"图层"菜单，选择"图层样式"→"投影"，如图 9-18 所示。

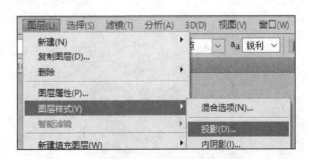

图 9-17　文字图层段落设置　　　　　　图 9-18　选择图层样式

（2）打开"图层样式"对话框，在其中进行投影设置，如图 9-19 所示。通过 120 度设置投影角度为 120，通过勾选"使用全局光"复选框设置全局光，选择"混合模式"中的"正片叠底"设置模式为正片叠底。

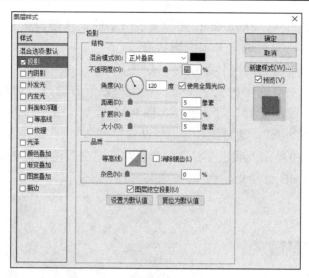

图 9-19　图层样式投影设置

5) 保存

上述操作完成后，在图 9-14 中选择"文件"菜单，单击"保存"选项。

案例 9-3　普通图层运用

使用 Photoshop 在文件"案例 9-3 素材.PSD"（图 9-20）中进行操作，全部操作完毕后文件大小不能超过 5MB，使用存储命令保存并退出。

图 9-20　案例 9-3 素材

具体操作要求如下。

(1) 设定"图层 1"的填充不透明度为 90%。

(2) 设置"图层 1"投影效果：

①设置混合模式为"正片叠底"，其颜色为 R19、G45、B23；

②设置不透明度为 52%；

③勾选"使用全局光"复选框；

④设置距离为 9 像素，大小为 9 像素。

(3) 设置"图层 1"内阴影效果：

①设置混合模式为"正片叠底"，其颜色为 R117、G99、B76；

②设置不透明度为 35%；

③设置角度为 120 度，勾选"使用全局光"复选框；

④设置距离为 6 像素，大小为 16 像素。

(4) 设置"图层 1"内发光效果：

①设置混合模式为"减去"，其颜色为 R216、G214、B171；

②设置不透明度为 53%；

③设置大小为 10 像素。

(5) 设置"图层 1"斜面和浮雕效果：

①设置样式为"枕状浮雕"；

②设置方法为"平滑"；

③设置深度为 327%；

④设置方向为"上"；

⑤设置大小为 5 像素；

⑥设置软化为 0 像素；

⑦设置角度为 120 度，勾选"使用全局光"复选框；

⑧设置高光模式为滤色，颜色为 R233、G206、B164，不透明度为 71%；

⑨设置阴影模式为"正片叠底"，颜色为 R127、G74、B27，不透明度为 43%。

注意：

(1) 不能新建其他图层，保持题目中的图层的数量与顺序。

(2) 不要修改题目原图中的其他属性，包括颜色深度、颜色模式、图像尺寸等。

问题解析：

本案例中，已经提供了"图层 1"，通过单击图 9-20 中箭头处 ，即可隐藏背景图层，同时呈现"图层 1"内容，如图 9-21 所示。

1) 设置图层透明度

选择图层区域中的"图层 1"，在图层设置界面的右上角指定不透明度为 90%。

2) 设置图层投影效果

在图 9-21 中双击"图层 1"，打开如图 9-22 所示的"图层样式"对话框。选择"投影"，按图 9-22 方框所示内容设置。单击箭头指向的颜色块，弹出"选择阴影颜色"对话框，设置 R、G、B 值分别为 19、45、23。

3) 设置图层内阴影效果

在图 9-21 中双击"图层 1"，打开如图 9-23 所示的"图层样式"对话框。选择"内阴影"，按图 9-23 中方框所示内容设置。单击箭头指向的颜色块后弹出"选择阴影颜色"对话框，设置 R、G、B 值分别为 117、99、76。

图 9-21　显示"图层 1"内容

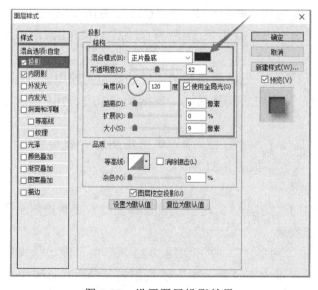

图 9-22　设置图层投影效果

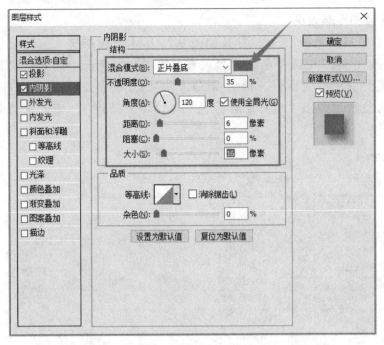

图 9-23　设置图层内阴影效果

4）设置图层内发光效果

在图 9-21 中双击"图层 1"，打开如图 9-24 所示的"图层样式"对话框。选择"内发光"，按图 9-24 中方框所示内容设置。单击箭头指向的颜色块，弹出"拾色器"对话框，设置 R、G、B 值分别为 216、214、171。

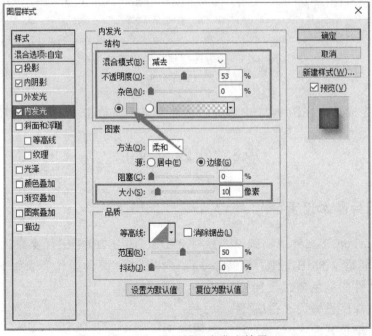

图 9-24　设置图层内发光效果

5）设置斜面和浮雕效果

在图 9-21 中双击"图层 1"，打开如图 9-25 所示"图层样式"对话框。选择"斜面和浮雕"，按图 9-25 中方框所示内容设置。单击箭头指向"高光模式"旁边色块后弹出"选择高光颜色"对话框，指定 R、G、B 值分别为 233、206、164；单击"阴影模式"旁边色块后弹出"选择阴影颜色"对话框，指定 R、G、B 值分别为 127、74、27。

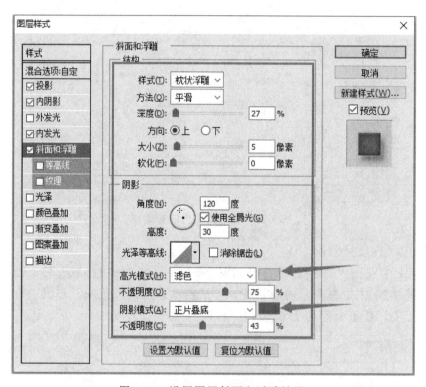

图 9-25　设置图层斜面和浮雕效果

6）保存

上述操作完成后，在图 9-21 中选择"文件"菜单，单击"保存"选项。

9.3　实践与应用

实践 9-1　图片基本设置

使用 Photoshop 在文件"实践 9-1 素材.PSD"（图 9-26）中进行操作。全部操作完毕后文件大小不能超过 5MB，使用存储命令保存并退出。具体操作要求如下。

（1）将该文件的颜色模式设置为 RGB。

（2）将颜色深度设置为 8 位/通道。

（3）将分辨率设置为 72 像素/英寸。

图 9-26　实践 9-1 素材

实践 9-2　文字图层实战

使用 Photoshop 在文件"实践 9-2 素材.PSD"（图 9-27）中进行操作，全部操作完毕后文件大小不能超过 5MB，使用存储命令保存并退出。

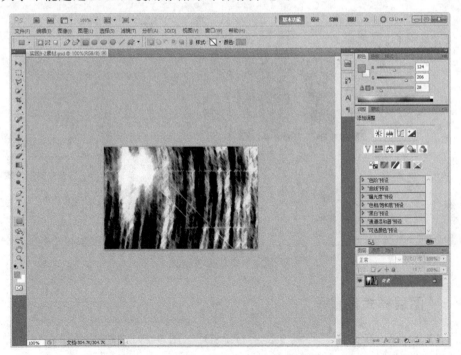

图 9-27　实践 9-2 素材

具体操作要求如下。

(1)新建一个文字图层，输入"最初的印象"。

(2)将全部文字设置字体为隶书，大小为 38 像素，字体颜色为 R255、G255、B255，仿粗体，仿斜体。

(3)设置文本的段落样式为左缩进 12.5 像素。

(4)为该文字图层添加投影效果，设定投影角度 120 度（使用全局光），模式为"正片叠底"。

注意：

(1)只能建立一个文字图层。

(2)不能对所有文字做变换操作。

(3)文字内容不能包含任何空格或者其他符号。

(4)文字内容的字体、大小、仿粗体、仿斜体、段落左缩进参数必须是按题目要求统一设置。

(5)不得修改题目中原图的其他属性，包括颜色深度、颜色模式、图像尺寸、分辨率等。

操作结果如图 9-28 所示。

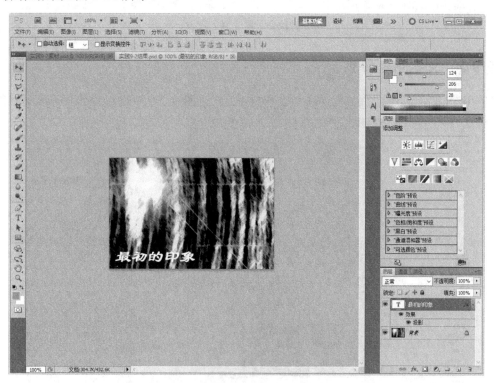

图 9-28　实践 9-2 结果

实践 9-3　图层样式设置

使用 Photoshop 在文件"实践 9-3 素材.PSD"（图 9-29）中进行操作。全部操作完毕后文件大小不能超过 5MB，使用存储命令保存并退出。

图 9-29　实践 9-3 素材

具体操作要求如下。

(1) 设定"图层 1"的填充不透明度为 90%。

(2) 设置"图层 1"投影效果：

①设置混合模式为"正片叠底"，其颜色为 R22、G30、B26。

②设置不透明度为 75%。

③设置角度为 120 度；勾选"使用全局光"复选框。

④设置距离为 5 像素；大小为 5 像素。

(3) 设置"图层 1"内阴影效果。

①设置混合模式为"正片叠底"，颜色为 R195、G174、B56。

②设置不透明度为 75%。

③设置角度为 120 度，勾选"使用全局光"复选框。

④设置距离为 5 像素，大小为 5 像素。

(4) 设置"图层 1"内发光效果。

①设置混合模式为"滤色"，颜色为 R206、G198、B30。

②设置不透明度为 75%。

③设置大小为 16 像素。

（5）设置"图层1"斜面和浮雕效果。

①设置样式为"枕状浮雕"。

②设置方法为"平滑"。

③设置深度为297%。

④设置方向为"上"。

⑤设置大小为6像素。

⑥设置软化为0像素。

⑦设置角度为120度，勾选"使用全局光"复选框。

⑧设置高光模式为"滤色"，颜色为R220、G165、B48，不透明度为52%。

⑨设置阴影模式为"正片叠底"，颜色为R171、G155、B101，不透明度为80%。

注意：

（1）不能新建其他图层，保持题目中的图层的数量与顺序。

（2）不要修改题目中原图的其他属性，包括颜色深度、颜色模式、图像尺寸等。

操作结果如图9-30所示。

图9-30　实践9-3结果

实践 9-4　图层综合运用

使用 Photoshop 在文件"实践 9-4 素材 1.PSD"（图 9-31）中进行操作，全部操作完毕后文件大小不能超过 5MB，全部操作完毕后使用存储命令保存并退出。

图 9-31　实践 9-4 素材

具体操作要求如下。

（1）设置画布大小为宽 19 厘米，高 14 厘米，画布扩展颜色为白色（#ffffff）。

（2）在 Photoshop 中打开"实践 9-4 素材 2.jpg"，进行如下操作，操作完毕后关闭"实践 9-4 素材 2.jpg"。

①将图像宽度缩小为 500 像素（保持宽高比例及分辨率不变）。

②将图像拖移到 PS1.PSD 中，创建新的图层。

（3）为新建的图层添加"模糊"类别中的"动感模糊"滤镜。

（4）新建文字图层，添加文字"无法抑制一颗想飞的心"，文本颜色为"#40cee7"，字体为方正舒体、48 像素、锐利。

（5）对文字"无法抑制一颗想飞的心"进行变形处理（样式为"花冠"），并增加"外发光"效果。

操作结果如图 9-32 所示。

图 9-32　实践 9-4 结果

第 10 章　Dreamweaver 网页制作

Dreamweaver 是一款静态网页制作软件，也是常用的网页制作工具之一，可以帮助用户快速完成高质量的网页制作。Dreamweaver 提供了完善的图形化界面和功能组件，能够适应各种不同水平的用户，从初学者到专业人士都可以用这款软件快速、方便地制作优秀的网页。Dreamweaver 支持 CSS、HTML、JavaScript 等多种网页标准，具有代码提示完整、代码编辑高效、反馈及时等特点，使网页设计和制作更加便捷、快速。

这一章以 Dreamweaver 软件为基础，以"进行快速网页制作"为主题，清晰易懂地介绍网页制作方法，帮助大家正确、高效地完成 Dreamweaver 相关操作，提升学习和工作效率。

10.1　知识索引——Dreamweaver 基础功能

10.1.1　工作界面

本书使用的版本是 Dreamweaver CS5，虽然各种版本有差距，但基本操作都是一样的。打开软件后会出现提示页，如图 10-1 所示。在这里可以打开最近使用过的文档或创建新文档，还可以通过产品介绍或教程了解软件的更多信息。如果不希望每次启动软件时都打开这个界面，可以在图 10-1 中箭头处勾选"不再显示"复选框设置。

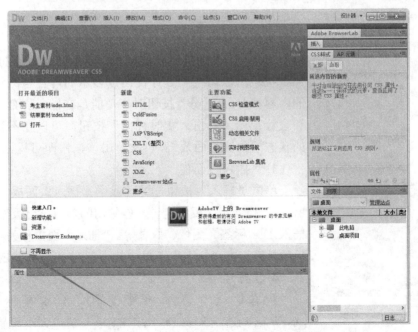

图 10-1　Dreamweaver 提示页

单击图 10-1 界面中的"新建"→"HTML"或打开最近的项目文件，即可进入软件的工作界面，如图 10-2 所示。

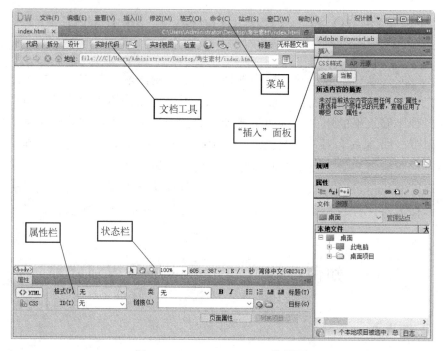

图 10-2　Dreamweaver 工作界面

图 10-3　"插入"面板

1）菜单

菜单在界面的最顶端，包含各种可以执行的命令。单击菜单名称可打开相对应的菜单。

2）文档工具

文档工具主要包含对网页文档的各种操作，例如："代码"按钮，可以切换到代码视图，显示当前文档的代码；"设计"按钮可以切换到设计视图，显示的内容与浏览器中显示的内容相同；"拆分"按钮对应功能是在同一屏幕中显示代码和设计视图；单击"实时视图"按钮，可以在不打开浏览器的状态下预览页面效果，再次单击该按钮即可返回编辑状态。

3）"插入"面板

单击"插入"按钮，即可显示"插入"面板，如图 10-3 所示。"插入"面板中包含一些常用的项目：超级链接、表格、插入 Div 标签、图像、媒体等。"插入"面板作为"插入"菜单的补充，在"插入"菜单中找不到的功能可以在此处找到。

4）状态栏

状态栏嵌有 3 个重要工具，分别是标签选择器 `<body><div#Layer2><table><tr><td><p>`、窗口大小设置 `698 x 466`

和传输时间 37 K / 1 秒 。

5) 属性栏

选中某一对象后，"属性"面板将显示被选中对象的属性，用户可以修改被选中对象的各种属性值。

10.1.2　常用功能

1. 文件操作

Dreamweaver 的文件操作是网页制作的基础，它包括新建文件、打开文件、导入文件、保存和关闭文件、设置文档属性等。

1) 新建、打开文件

选择"文件"菜单中的"新建"命令，弹出"新建文档"对话框，如图 10-4 所示。选择想要创建文件的页面类型和布局，单击"创建"按钮即可创建新文件。

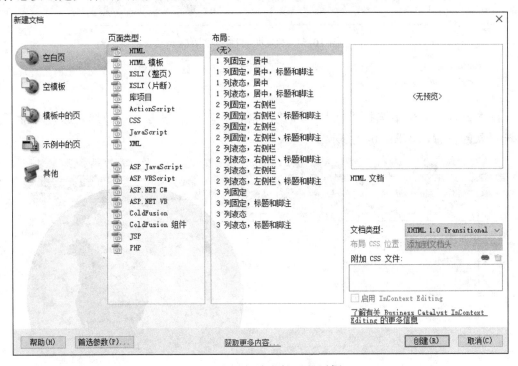

图 10-4　"新建文档"对话框

选择"文件"菜单中的"打开"命令，弹出"打开文档"对话框，选择想要打开的网页文件即可打开已有的网页文件。

2) 导入、保存文件

选择"文件"菜单中的"导入"命令，可将 Word、Excel 等格式的数据导入网页中。如果同时打开了多个网页文件，选择"文件"菜单中的"保存"或"另存为"命令，只能保存当前正在编辑的网页。若要保存打开的多个网页文件，则需要选择"文件"菜单中的"保存全部"命令。

3）设置文档属性

页面标题、背景图像和颜色、文本和链接颜色及边距是每个网页的基本属性。其中，页面标题在如图 10-2 所示的文档工具栏中设置，其余属性选择"修改"菜单中的"页面属性"命令，在如图 10-5 所示"页面属性"对话框中设置。

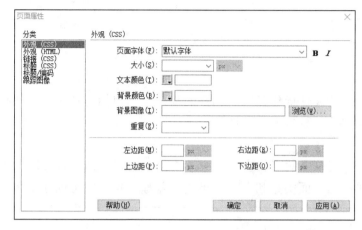

图 10-5　"页面属性"对话框

2．标尺、网格

在"查看"菜单中选择"标尺"和"网格设置"可以很方便地布局对象，并能了解编辑对象的位置，如图 10-6 所示。

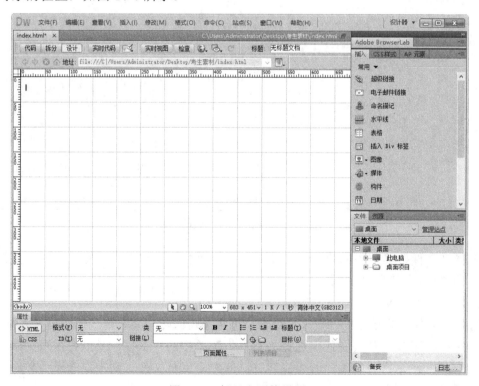

图 10-6　标尺和网格设置

1）标尺

拖动鼠标时，标尺上能显示当前位置的坐标。

2）网格

网格是文档窗口中纵横交错的直线。通过网格可以精确定位网页中的各种元素。选择"查看"菜单中的"网格设置"→"靠齐到网格"命令，在文档中创建或移动对象时，就会自动对齐距离最近的网格线。选择"查看"菜单中的"网格设置"→"网格设置"命令，在弹出的"网格设置"对话框中可以设置网格的参数，如颜色、间隔等。

10.1.3 理解层

层是一种 HTML 页面元素，在 Dreamweaver 中对其进行了可视化操作。网页中常用的文本、图像、表格等元素只能固定其位置，不能互相叠加在一起，而层可以放置在网页文档内的任何一个位置上，层内可以放置网页文档中的文本、图像、表格等其他构成元素。层可以自由移动，层与层之间还可以重叠，层的出现使网页从二维平面拓展到三维使页面上元素进行重叠和复杂的布局。在如图 10-7 所示的网页文档中：层 1 内放置了图片，层 2 内放置了表格，两个层之间还实现了重叠。

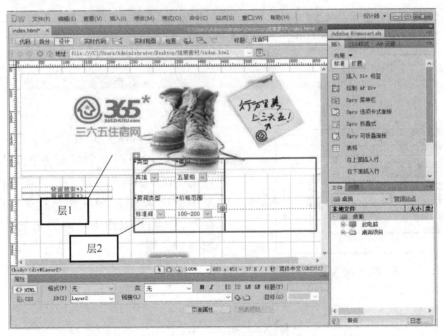

图 10-7　网页中的层

1）创建层

在"插入"菜单中选择"布局对象"→"AP DIV"，即可在文档中的光标位置插入一个层，此处为矩形框，如图 10-8 所示。使用鼠标拖动可以调整层位置和大小。

2）修改层属性

当层创建后，其属性为默认值。若想查看或修改层属性，可以在图 10-8 底部"属性"对话框中进行。

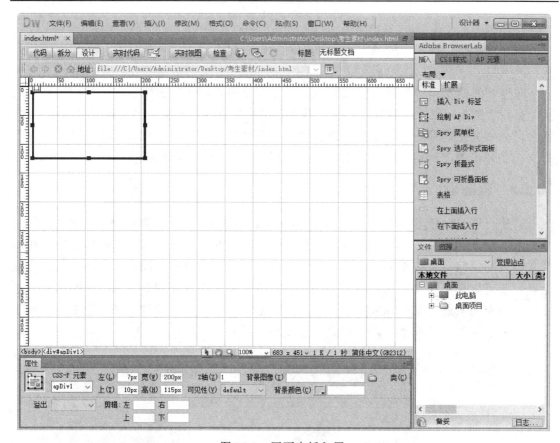

图 10-8　网页中插入层

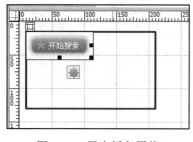

图 10-9　层中插入图片

3)层中插入网页元素

向层插入网页元素需要先把光标停留到层内部,在"插入"菜单中选择需要的元素插入层中即可。如图 10-9 所示就是向层中插入了图片,该图片就作为层内的元素,可以随层一起调整位置。

10.2　案例分析——网页制作基础

案例 10-1　基本网页元素

参考样张如图 10-10 所示。在 index.html 网页内完成如下设置。

(1)在顶部奥运图标右侧空白区域插入图像占位符,设置名称为"pic",宽度为 100,高度为 125,替换文本为"占位图"。

图 10-10　案例 10-1 样张

（2）设置左侧"首页"开始的 15 行文字字体为"黑体"，字形为"斜体"，颜色为"#9999CC"，文本缩进 1 次。

（3）在位正文标题位置完成如下设置：

①输入文本"中国人民银行 7 月 8 日发行第 29 届奥林匹克运动会纪念钞"，设置段落格式为"标题 1"，字体为"华文仿宋"，大小为 24，对齐方式为"居中对齐"，字体颜色为"#FF66CC"；在文本后插入一个命名锚记，设置锚记名称为"this"。

②插入储存时自动更新日期，设置星期格式为从上至下的第 3 个，日期与时间格式均为从上至下的第 2 个，颜色为 RGB（255，128，192）。

③插入图片文件 zheng.jpg，设置替换文本为"正面"，插入图片文件 fan.jpg，设置垂直边距为 20。

④插入一条水平线，设置宽为 553 像素。

⑤设置位置 3 中的文本缩进 1 次，居中对齐，文字颜色为#33CCCC，将文本"返回"设置为链接，设置链接锚记名称为"#this"。

问题解析：

1）插入图像占位符

光标停留在如图 10-11 所示的箭头位置，选择"插入"→"图像对象"→"图像占位符"，弹出如图 10-11 所示"图像占位符"对话框。按图 10-11 所示填写名称、宽度、高度、替换文本项目对应的值。

图 10-11 "图像占位符"对话框

2) 设置文本格式

（1）文字格式设置。选中素材中文本，如图 10-12 所示。单击"属性"面板中箭头所示的"CSS"属性，设置"属性"面板中的字体属性为"黑体"，颜色属性为"#9999CC"（此处直接填入颜色值，不要单击色块选择），再选择斜体属性 I 。需要注意的是，在第 1 次设置上述字体属性时，会弹出如图 10-13 所示"新建 CSS 规则"对话框。在图 10-13 中箭头位置指定一个唯一的选择器名称。

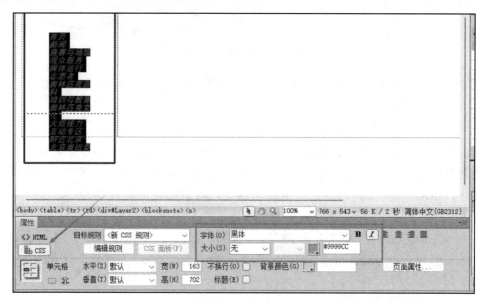

图 10-12 设置文本格式

（2）段落格式设置。在选中文本的情况下，选择"格式"菜单中的"缩进"命令，即可完成题目要求的一次文本缩进。

3) 设置文字、图像、日期、水平线

（1）文字相关的设置。输入题目要求的文字并选中，如图 10-14 所示。单击"属性"

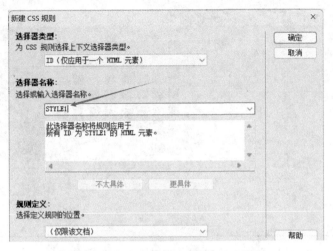

图 10-13　"新建 CSS 规则"对话框

面板中箭头所示的"CSS"属性，在"属性"面板中设置字体属性为"华文仿宋"，颜色属性为"#FF66CC"，大小属性为 24。随后选择"格式"→"段落格式"→"标题 1"和"对齐"→"居中对齐"命令。光标停留在录入的文字后，选择"插入面板"→"命名锚记"命令，在弹出的"命名锚记"对话框中指定锚记名称为"this"。

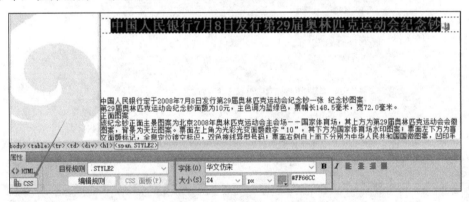

图 10-14　设置文本属性

在"属性"面板中设置属性值时会弹出如图 10-13 所示"新建 CSS 规则"对话框，需要指定一个唯一的选择器名称。

(2) 设置自动更新日期。按照图 10-10 指定位置插入日期，选择"插入"菜单中的"日期"命令，弹出如图 10-15 所示的"插入日期"对话框。按照图 10-15 设置"星期格式"、"日期格式"和"时间格式"，并勾选"储存时自动更新"复选框后单击"确定"按钮。随后选中图 10-16 中箭头处插入的日期和时间，选择"格式"菜单中的"颜色"命令，弹出如图 10-16 所示"颜色"对话框。指定其中的 R、G、B 分别为 255、128、192。

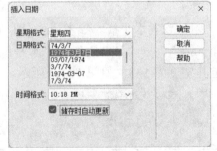

图 10-15　"插入日期"对话框

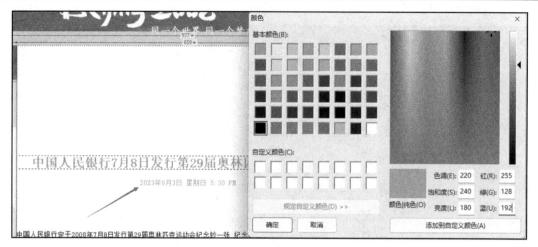

图 10-16　设置日期颜色

(3)插入图像。按照图 10-10 中图片位置选择好图像插入点，选择"插入"菜单中的"图像"命令，选择素材提供的图片文件 zheng.jpg。在弹出的如图 10-17 所示对话框中指定替换文本为"正面"。同样的方法，插入图片文件 fan.jpg(不用指定替换文本)，并选中图片，在"属性"面板中设置其垂直边距为 20，如图 10-18 所示。

图 10-17　插入图像设置

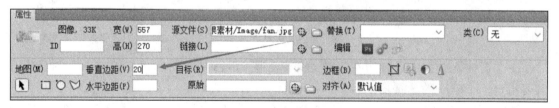

图 10-18　设置图片属性

(4)设置水平线。参考样张(图 10-10)，将光标停留在上一步插入的图片的下方，选择"插入"→"HTML"→"水平线"命令。随后选中插入的水平线，在属性面板中指定其宽度为 533，如图 10-19 所示。

图 10-19　设置水平线

（5）文字格式及超链接。选中如图 10-20 所示文本，在"属性"面板中设置颜色为
"#33cccc"，在"格式"菜单中设置居中对齐和缩进一次。选中最后"返回"二字，选中
"插入"菜单中的"超级链接"命令，在如图 10-21 所示的对话框中选中"链接"项为前
面指定的锚记"#this"，即可实现网页的页内跳转。

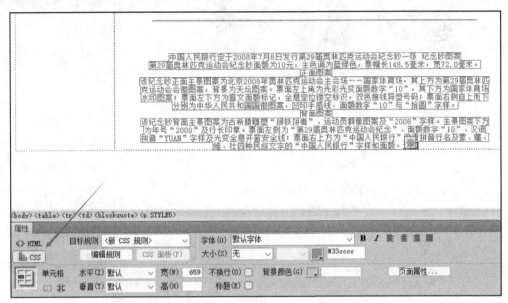

图 10-20　设置文本属性中颜色

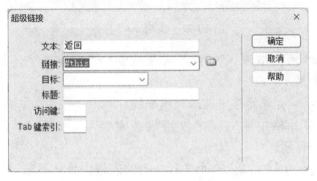

图 10-21　设置文字链接

4）保存文件

选择"文件"菜单中的"保存"命令，存储文件。

案例 10-2　层与表格的综合运用

参考如图 10-22 所示样张，在 index.html 网页内完成如下设置。

（1）设置网页标题为"住宿网"，关键字内容为"住宿"。

（2）插入一个层，并在层中插入图像 top.jpg。

（3）在层的下方插入一个 4 行 1 列的表格，设置边框粗细、单元格边距、单元格间距
均为 0，并完成如下设置。

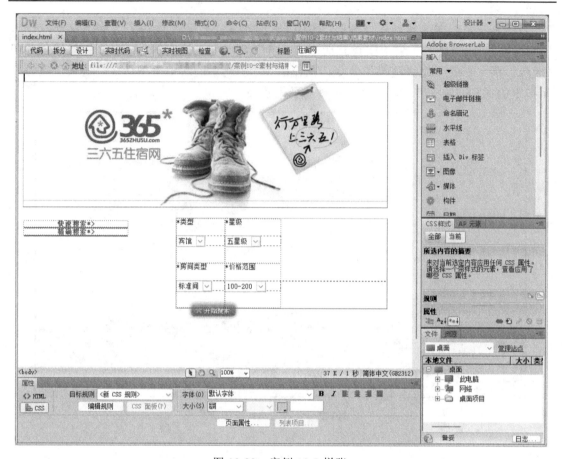

图 10-22　案例 10-2 样张

①在第 1 行单元格中输入文字"快速搜索*>"，设置字体加粗，字体颜色为"#009900"，并居中显示。

②在第 2 行、第 4 行单元格中插入一水平线。

③在第 3 行单元格中输入文字"精确搜索*>"，设置字体加粗，字体颜色为"#009900"，并居中显示。

（4）插入一个层，在层中插入一个 2 行 2 列的表格，具体要求如下。

①在第 1 行第 1 列中输入文字"*类型"，在文字的下方插入一个列表框，列表项目标签为"宾馆、酒店、旅馆"。

②在第 1 行第 2 列中输入文字"*星级"，在文字的下方插入一个列表框，列表项目标签为"五星级、四星级、三星级、二星级、非星级"。

③在第 2 行第 1 列中输入文字"*房间类型"，在文字的下方插入一个列表框，列表项目标签为"标准间、单人间"。

④在第 2 行第 2 列中输入文字"*价格范围"，在文字的下方插入一个列表框，列表项目标签为"<100、100-200"。

（5）插入图片文件 sousuo.gif，并为图片设置链接，链接为 www.365zhusu.com。

问题解析：

1) 设置标题与关键字

在如图 10-22 所示的文档工具中，指定
标题内容为"住宿网"。选择"插入"→
"HTML"→"文件头标签"→"关键字"，
弹出如图 10-23 所示的"关键字"对话框，
设置关键字为"住宿"。

图 10-23　关键字设置

2) 插入层

将鼠标停留在文档左上角，选择"插入"→"布局对象"→"AP DIV"命令，得到
如图 10-24 效果，即插入了一个层。随后光标停留在层内部，选择"插入"菜单中的"图
像"命令，选择素材图片文件 top.jpg 后得到如图 10-25 所示效果。

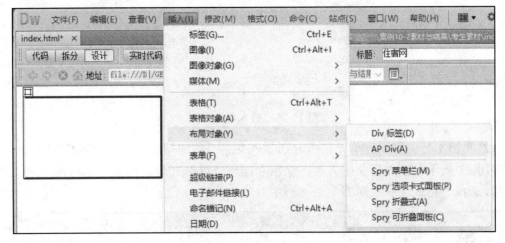

图 10-24　插入一个层

图 10-25　层内插入图像效果

3）插入与设置表格

（1）将光标停留在图 10-25 图片下方，选择"插入"菜单中的"表格"命令，弹出如图 10-26 所示的"表格"对话框，按图进行设置。

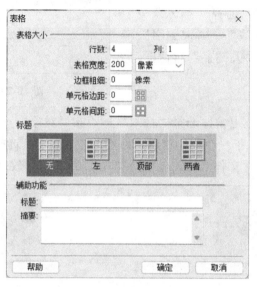

图 10-26　插入表格设置

（2）在第 1 行、第 3 行单元格内分别输入文字"快速搜索*>"和"精确搜索*>"，并如图 10-27 所示分别设置文字属性：加粗、颜色"#009900"。同时分别对两个单元格内文字，选择"格式"→"对齐"→"居中对齐"命令。

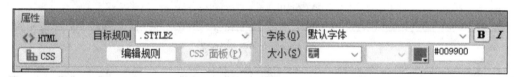

图 10-27　设置文字属性

第 1 次在"属性"面板设置上述属性值时会弹出"新建 CSS 规则"对话框，需要指定一个唯一的选择器名称。

（3）在第 2 行、第 4 行单元格内选择"插入"→"HTML"→"水平线"命令，在单元格内插入水平线。完成上述表格操作后的设计状态及运行效果如图 10-28 所示。

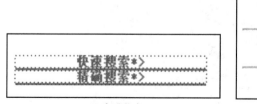

(a)完成状态

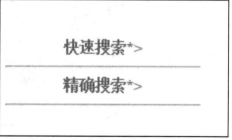

(b)运行结果

图 10-28　完成状态运行效果

4) 层、表格、列表框综合运用

(1) 光标停留在如图 10-28 所示完成的表格右侧，选择"插入"→"布局对象"→"AP Div"命令。随后将光标停留在层内，选择"插入"→"表格"命令，设置表格属性：2 行、2 列、边框粗细 0、单元格边距 0、单元格间距 0。表格属性设置参数及设置完成后效果如图 10-29 所示。

图 10-29　层、表格设置

(2) 将光标停留在刚插入的表格的第 1 个单元格中，输入文字"*类型"，并在文字下方选择"插入"→"表单"→"选择(或"列表"→"菜单")"命令，插入如图 10-30 所示下拉列表框。同时在下拉框"属性"面板中对图 10-30 中箭头处"列表值"进行设置，在弹出的"列表值"对话框中单击 ➕ 按钮添加"宾馆""酒店""旅馆" 3 个项目标签。

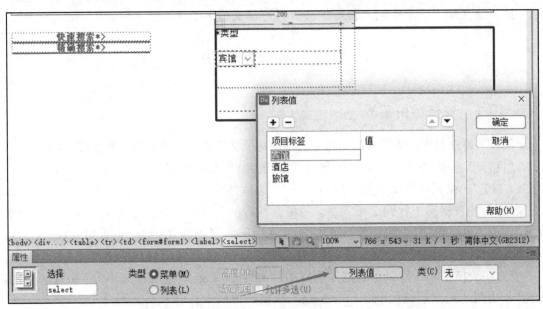

图 10-30　下拉列表框设置

(3) 按上一步同样的方法，对照题目要求，完成如图 10-31 所示设置效果。

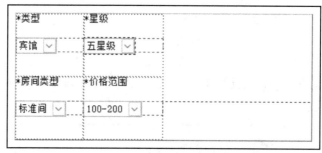

图 10-31 列表框设置效果

5）插入图片、设置链接

参考图 10-22 位置，插入图片文件 sousuo.gif。在弹出的"图像标签辅助功能属性"对话框中的"详细说明"输入框中填入如图 10-32 所示网址，完成图片超级链接设置。

图 10-32 图片超级链接设置

6）存储文件

选择"文件"菜单中的"保存"命令，存储文件。

10.3 实践与应用

实践 10-1 表格运用实战

按以下要求制作或编辑网页，将结果保存在原文件夹下。完成后效果如图 10-33 所示。

（1）打开主页 index.html，设置网页标题为"IAA 国际汽车展"，网页背景色为"#9CCFFF"，设置表格属性为"居中对齐"，边框线为"粗细"、填充和间距均设置为 0。

（2）合并表格第 1 行两个单元格，并将合并后的单元格设置为水平居中对齐，背景颜色设置为"#0000FF"，为文字"2020 法兰克福国际汽车展（IAA）"设置格式（CSS 目标规则名称为.c）：字体为"微软雅黑"，字号为 36px，颜色为"#FFFFFF"。

（3）在表格的第 3 行第 1 列插入素材图片文件 bsj.jpg，调整图片大小为 400×280px（宽×高），为图片设置超链接 baoshijie.html，并在新窗口中打开。

（4）在表单中添加"申请人姓名"文本域（文本字段），为"参观日期"添加一组复选框，分别为：11 日、12 日、13 日；添加"购票数量"下拉菜单，下拉菜单的 3 个选项分别为：1、2、3；添加两个按钮"提交"和"重置"。

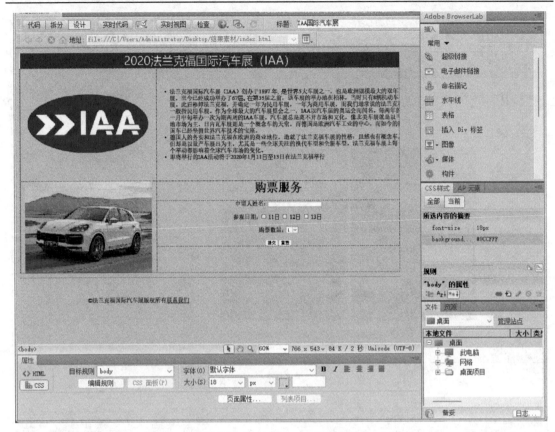

图 10-33　实践 10-1 完成效果

（5）如图 10-33 所示，在表格下方插入水平线，宽度为 1200px。在"法兰克福国际汽车展版权所有"文字前面插入版权符号，在后面添加"联系我们"，并设置电子邮件链接：service@iaa.com。

实践 10-2　层与图像、复选框、按钮运用实战

参考如图 10-34、图 10-35 所示样张，在 index.html 网页内完成如下设置。

（1）设置网页标题为"珠穆朗玛峰—中国最美的地方"。

（2）插入一个 1 行 1 列的表格，设置宽为 850，高为 49，单元格的背景为 title.gif 文件。

（3）插入一条水平线，设置宽为 850px。

（4）插入储存时自动更新日期，星期、日期、时间格式均为从上至下的第 2 个选项（[不要星期]和[不要时间]为第 1 个选项）。

（5）输入文字"西藏：珠穆朗玛峰—中国最美的地方"，设置段落格式为"标题 1"，字体为"黑体"，颜色为"#FF9900"，对齐为"居中对齐"。

（6）插入素材图片文件 1.jpg。

（7）插入"其他素材.txt"中的所有内容。

（8）输入文字"发表评论"，在文字下方，插入一个层，并在层中完成如下设置：

①输入文字"姓名："，插入一个文本域。

图 10-34　实践 10-2 完成效果 1

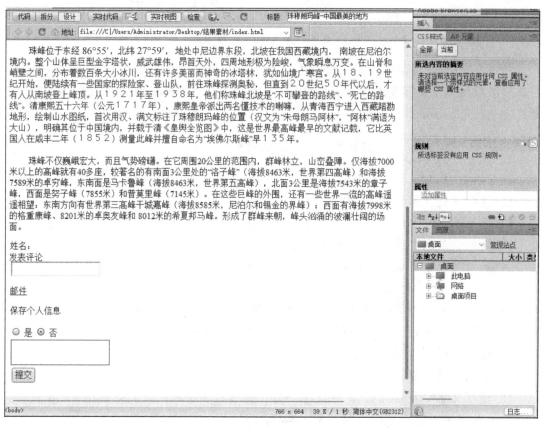

图 10-35　实践 10-2 完成效果 2

②输入文字"邮件"，并对文字设置电子邮件超链接，邮箱为 trip@test.com。

③输入文字"保存个人信息"，插入单选按钮，输入文字"是"；插入单选按钮，设置初始状态为"已勾选"，输入文字"否"。

④插入一个文本区域。

⑤插入一个按钮，值为"提交"。

实践 10-3　层与文本域运用实战

参考如图 10-36 所示样张，在 index.html 网页内完成如下设置。

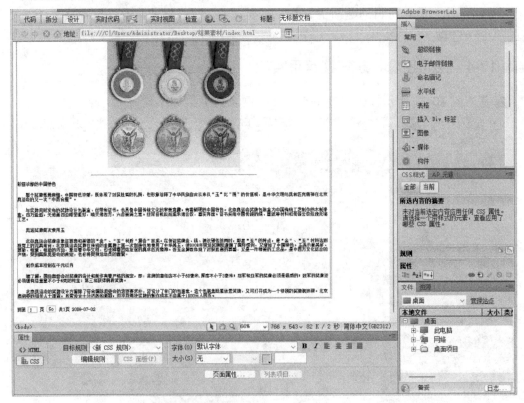

图 10-36　实践 10-3 完成效果

(1) 插入素材图片文件 logo.gif。

(2) 在插入图片的右侧插入一个层，并对层进行如下设置。

①插入一个列表/菜单，类型为"列表"，设置列表值为"圈子搜索、帖子搜索"。

②插入一个文本域。

③插入一个按钮，设置值为"搜索"。

④插入一个按钮，设置值为"创建圈子"。

(3) 在插入层的下方插入素材图片文件 1.jpg。

(4) 在图片 1.jpg 的下方插入一个 1 行 1 列的表格，并对表格进行如下设置。

①设置宽为 950px，高为 592px，边框为 1，边框颜色为"#FFCC66"。

②添加"其他素材 1.txt"中的全部文字。

③在插入文字的下方，插入一条水平线，设置宽为 500px。

④在水平线下的下方，插入素材图片文件 jinpai.jpg，设置超级链接为 link.html，替换文字为"奥运奖牌正面与背面"。

⑤在图片 jinpai.jpg 的下方，再插入一条水平线，设置宽为 500px。

⑥在水平线的下方，添加"其他素材 2.txt"中的全部文字。

(5)在素材文字的下方，输入文字"到第　页"，在文字间的空白处插入文本域，设置字符宽度为 4，初始值为 1。

(6)插入一个按钮，设置值为"Go"。在按钮的后面，输入文字"共 1 页"。

(7)插入一个储存时自动更新的日期，不要星期、时间格式，设置日期格式为从上至下的第 5 个选项。

实践 10-4　层与图像、超链接运用实战

参考如图 10-37 所示样张，在 index.html 网页内完成如下设置。

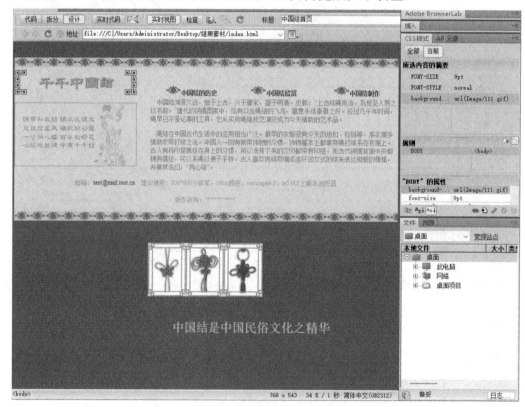

图 10-37　实践 10-4 完成效果

(1)设置网页标题为"中国结首页"，背景图为 111.gif。

(2)将背景素材图片文件 lm.jpg 设置到样张位置的单元格中。

(3)参照样张位置插入素材图 biao.gif。

(4)参照样张位置插入素材图片文件 tu.gif。

(5)参照样张位置插入素材图片文件 lm.gif，并输入文字"中国结的历史"，颜色为

"#FF0000"，粗体，对齐方式为"居中对齐"。

（6）设置电子邮箱链接为 test@mail.test.cn。

（7）在"位置 5"单元格内依次插入图片文件 010.gif、011.gif、012.gif，并进行如下设置。

①设置素材图 010.gif 的链接为 link1.html，替换文本为"小型中国结"。

②设置素材图 011.gif 的链接为 link2.html。

③设置素材图 012.gif 上方的椭圆形热点链接为 link3.html。

（8）插入一个层，并在层中输入文字"中国结是中国民俗文化之精华"，设置段落格式为"标题 1"，颜色为"#FFCC66"。

实践 10-5　层与表格、列表框运用实战

参考如图 10-38 所示样张，在 index.html 网页内完成如下设置。

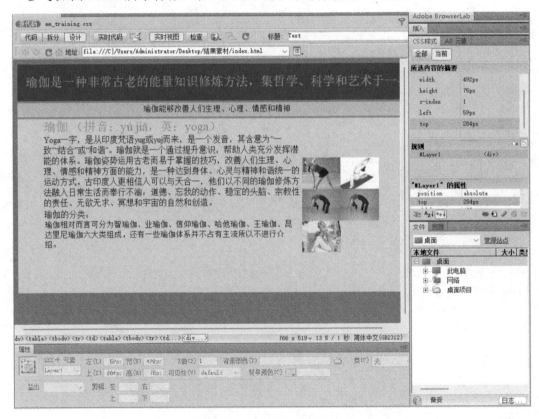

图 10-38　实践 10-5 完成效果

（1）在页面上方起第 1 个单元格中输入文字"瑜伽是一种非常古老的能量知识修炼方法，集哲学、科学和艺术于一身"，设置字体大小为 24px，文本颜色为"#FFBA00"，对齐方式为"居中对齐"。

（2）在页面上方起第 2 个单元格输入文字"瑜伽能够改善人们生理、心理、情感和精神"，设置字体大小为 15px，颜色"#000000"，对齐方式为"居中对齐"。

(3) 在页面上方起第 3 个单元格输入"其他素材.txt"中的第 1 段文字,将第 1 行文字"瑜伽(拼音:yú jiā,英:yoga)"的字体大小设置为 24px,颜色为"#FF6600",其余文字字体大小为 11px,颜色为"#000000"。

(4) 在页面上方起第 4 个单元格插入一个层,在其中输入"其他素材.txt"中的第 2 段文字,将第 1 行文字"瑜伽的分类:"的字体大小设置为 24px,颜色为"#FF6600",其余文字字体大小为 11px,颜色为"#000000"。

(5) 在页面右侧单元格中,依次插入素材图片文件 1.jpg、2.jpg、3.jpg、4.jpg、5.jpg。

(6) 设置图片"1.jpg"超链接到文件夹的网页 wy.html,wy.html 在新窗口中打开。

参 考 文 献

回航, 2021. 从平凡到非凡: PPT 设计蜕变[M]. 北京: 中国水利水电出版社.

金建, 王国杰, 2022. 多媒体课件与微课制作[M]. 北京: 人民邮电出版社.

李凤霞, 陈宇峰, 史树敏, 2014. 大学计算机[M]. 北京: 高等教育出版社.

倪栋, 2022. Adobe Dreamweaver 官方认证标准教材[M]. 北京: 清华大学出版社.

王建忠, 2014. 大学计算机基础[M]. 3 版. 北京: 科学出版社.

王建忠, 2014. 大学计算机基础实训指导[M]. 3 版. 北京: 科学出版社.

夏磊, 林洁, 吴桥, 等, 2022. Adobe Photoshop 官方认证标准教材[M]. 北京: 清华大学出版社.

杨玉蓓, 冯琳涵, 2022. PowerPoint2016 高级应用案例教程[M]. 北京: 人民邮电出版社.

战德臣, 2018. 大学计算机——理解和应用计算思维[M]. 北京: 人民邮电出版社.

张萍, 2021. 办公自动化高级应用[M]. 北京: 科学出版社.

Excel Home, 2018. Excel2016 应用大全[M]. 北京: 北京大学出版社.